中国名砚

辽 砚

李焕军　邹妍◎编著

湖南美术出版社

图书在版编目（CIP）数据

中国名砚．辽砚 / 李焕军，邹妍编著．— 长沙：湖南美术出版社，2016.7

ISBN 978-7-5356-7806-5

Ⅰ.①中… Ⅱ.①李… ②邹… Ⅲ.①石砚—介绍—辽宁省
Ⅳ.① TS951.28

中国版本图书馆 CIP 数据核字 (2016) 第 183405 号

"中国名砚"系列丛书编委会

丛书顾问：蔡鸿茹：天津艺术博物馆研究员
　　　　　张淑芬：故宫博物院研究员
　　　　　阎家宪：中国收藏家协会文房之宝委员会顾问
　　　　　刘演良：中国端砚鉴定委员会专家
　　　　　金　彤：中国砚研究会会长
　　　　　胡中泰：中国文房四宝协会高级顾问、歙砚协会会长
总 策 划：郭　兵：意创出版策划（北京）工作室策划人

中国名砚·辽砚

编　　著：李焕军　邹　妍
责任编辑：李　坚
责任校对：王玉蓉
装帧设计：北京意创文化
出版发行：湖南美术出版社
　　　　　（长沙市东二环一段 622 号）
经　　销：湖南省新华书店
印　　刷：湖南雅嘉彩色印刷有限公司
开　　本：787×1092　　1/16
印　　张：11
版　　次：2016 年 12 月第 1 版
印　　次：2016 年 12 月第 1 次印刷
书　　号：ISBN 978-7-5356-7806-5
定　　价：78.00 元

总　序

中华文明，源远流长。东方历史文化，博大精深，世界闻名，不知曾吸引了多少古今中外的追慕者、崇拜者和各类文化爱好者为之痴迷、为之探索、为之研究。"文房四宝"是东方传统历史文化得以延续、传播和发扬的重要工具。

"文房四宝"不仅是文房用具，还演绎了东方文化中的书法和绘画艺术，成就了无以数计的书法家和画家，它们所承载的传承文明、延续文化的历史使命，在人类文明的发展史上起到了极其重要的作用。更为重要的是，它们所凝聚的我国几千年的文化精髓，以及极其丰富的历史文化内涵，使灿烂的中华文明和自豪的民族精神紧紧地融为一体，凝结为我们华夏子孙骄傲的灵魂和信心。

砚则是骄傲的关键所在。在"文房四宝"之中，砚的历史最为悠久。砚在中华文明五千年的历史长河中有着重要的历史地位。悠悠五千年，砚几与华夏文明同生。可以说，砚就是人类文明进步的象征。自此以后，在我中华大地上，《诗经》《离骚》《春秋》《史记》以及大量的唐诗、宋词、元曲歌赋等便千古流传；自此，便有了颜欧柳赵，便有了《兰亭序》《祭侄文稿》《肚痛帖》《鸭头丸帖》以及真草隶篆等书法艺术翰墨飘香；还有那《洛神赋》《八十七神仙卷》《五牛图》《溪山行旅图》《清明上河图》等惊世卷轴一一展开。砚的诞生，使中华文明沐浴着文明的朝晖，逐渐步入了宽广、宏博、繁茂的大千世界。

然而，随着人类文明的进步和社会、科技的发展，传统"文房四宝"这些书写工具已不能满足今天人们日益增长的生活和工作的需要，电脑、键盘、鼠标已成为今天书桌上无可争辩的"霸主"，书写方式的改变，致使这些传统文房工具的使用概率越来越小。我们今天姑且不论毛笔是否还有人会使用，而事实上，那些80后，甚至是70后都未必能将砚台的名称、功能和使用方法讲述清楚，甚至连"四大名砚"都说不全，就连钢笔类的硬笔，使用者也是越来越少，更不用说能写一手漂亮的毛笔字！这似乎有些悲哀。

当改革的春风吹起，大地复苏，春意盎然，祖国各地百业俱兴。二十余年来，随着改革开放的不断深入，我国经济持续发展，文化繁荣，科技进步，国力不断增强，国民生活水平不断提高。在我国经济逐渐强盛的今天，文化繁荣之花也满园芬芳。在国家重振传统民族文化政策的引导下，人们不但对物质文明的需求有了更多的选择，对精神文明的需求也发生了许多变化。收藏逐渐走入人们的视野。然而自20世纪80年代起，瓷器、玉器、书画、佛像都先后成为热门收藏项目，并在国内外各大拍卖会上屡创新高，而集历史、文化、艺术、实用、观赏、收藏于一体的砚台却未引起人们的重视。这是有多方面原因的：一是因东西方文化的差异，西方并未真正认识到传统砚文化的魅力和内涵，对其价值尚无充分认识；其二，国内外各大拍卖会多以国外收藏趋向为拍卖风向标，虽说拍卖品多有我国传统文化种类，但大多亦是利之所趋；三是受国外经济、文化环境的影响，国内市场对砚文化的认识和推广不足。谈到此处，我想重申的是，一方面我们无须特意去迎合国外消费市场的"口味"，另一方面文化事物没有市场的支撑也很难活跃起来，特别是在今天现代化书写工具的"围攻"之下，淡出人们视野已经很久的传统砚文化更是艰难！

好在历史是过去的今天，不可忘记。今天，在我们中华大地上，随着传统文化的复兴，许多遥远的记忆又重新展现在人们的面前。加之我国历来就是一个礼仪之邦，文明的国度，传统文化的底蕴已十分深厚。也正因如此，那些曾被记忆遗忘的传统，在新时代的文化理念中又很快地被"催醒"了。砚作为其中之一，也就自然而然地又逐渐为人们视若拱璧，珍而藏之。

今天是昨天的继续，为了延续传统砚文化，我们更应珍惜今天。不能刻意去追逐市场的需要，而应真诚地继承、发扬和传播砚文化。

"中国名砚"系列丛书的出版是砚文化传播的具体表现之一。

我们知道，我国制造砚台的历史久远。远古时期发明的"研"，到春秋时期基本成型，汉代废弃研石后，"研"便自成一体，成为真正意义上的砚，石砚的使用继而逐渐得以普及和规范。从此，砚便演化成一个材质众多、形制各异的庞大家族。经魏晋至唐宋，砚台的发展达到了辉煌、鼎盛阶段，形成以山东红丝砚、广东端砚、安徽歙砚、甘肃洮河砚（简称洮砚）"四大名砚"为主流的局面。明清时期，砚台的制作更加讲求石质，并雕刻花纹，造型式样等日渐丰富，装潢考究、华丽美观，其工艺价值日趋凸显，使砚台成为集雕塑、书法、绘画、篆刻于一体的精美艺术品。上至皇族，下至达官贵人、文人雅士都爱收藏，将砚的发展推向了新的高峰。

这一时期，青州红丝砚因石材枯竭、百无一求而淡出，继而由山西绛州的澄泥砚，与端、歙、洮砚，一并形成我国"四大名砚"新体系，并延至当今。

当然，中国传统制砚的材料远不止"四大名砚"所用石材这几种，为了帮助读者多方面了解我国传统的砚文化，"中国名砚"系列丛书汇集我国众多名砚编撰成册。

悉阅书稿后，本人认为"中国名砚"有以下几个特点：

1. 收录全。收录我国"四大名砚"，以及曾经为"四大名砚"之首的红丝砚，且均单独成册，为我国出版史上首次将"四大名砚"集中出版的图书项目。

2. 规模大。该系列包括"四大名砚"、红丝砚及其他地方名砚等各种名砚100余个品种，是我国目前关于砚台文化的出版物中收录名砚最为齐备的图书出版项目。

3. 信息量大。几乎涵盖了我国各种名砚的相关信息。除传统"四大名砚"的历史沿革、各时代造型变化、雕琢风格、石质石品等以外，还包括100多种地方名砚的实物照片及相关信息。其中尤以各砚种的石品（石色、石品纹）及雕刻艺术介绍最为全面，为所见此类图书中仅有。

4. 原创性强。各分册均由当今著名砚台收藏家、砚雕艺术家以及国家级、省级工艺美术大师担纲撰写。其中未公开发表的图片占图片总量的90%以上。

5. 实用性强。阅读本套丛书，读者不但能对我国传统砚文化有一个全面的了解，还可以运用本书中的内容对相关砚石进行辨识，进入收藏领域，固而本书具有一定的指导意义。

6. 知识面广。提供了同类图书中仅有或少有的知识点，具有很强的可读性。目前市面尚无系统、全面介绍中国名砚的图书，因而该书具有良好的市场前景。

7. 体例科学严谨，行文通俗易懂。

除上述共性以外，个别著作更具有鲜明的个性。如关键同志所作的《地方砚》，收录了当今市面上的100个地方砚种，并对其出处、特性和石品均一一做了详细的阐述。收集这些资料已属不易，收集到这些地方砚种的实物照片更属不易，而能将这些砚种实物收于金匮之中，其难度之大可想而知！《洮砚》也是一本不错的专著。

书中详细地解说了洮砚一些不为人知的典故，虽不能作为佐证，但也算为洮砚发展演变的过程画了一个较为合理的轮廓。另外，书中所列的石品、膘皮等洮砚的基础知识也很全面，可读性较强。《红丝砚》是迄今所见同类著作中观点最为客观、公正的一部。论据考证翔实、语言精练，值得推广。《澄泥砚》也是一部不错的稿了，作者蔺涛不但能烧出驰名中外的绛州澄泥砚，而且能够站在更高的位置，将我国现在所生产的其他兄弟澄泥砚种汇入该书之中，胸怀宽广，令人钦佩。关于端砚的著述所见颇多，而柳新祥所著的这本《端砚》更有新意，不但为读者详细地阐述了端石形成的原因，还将历史上曾经提及的端砚石品一一展现给大家；论述结构清晰，语言文字流畅，所列砚作形色俱佳，具有较高的艺术水准。《歙砚》语言也很简练，文字论述较少，但为广大读者呈现了当今最具有传统艺术风格的大量精品，读者从中可以学到很多知识。

　　总的来说，"中国名砚"的出版，与本套丛书的策划人郭兵和统筹关键两位同志的努力是分不开的。他们为本丛书的出版做了大量不为人知且多不被人理解的工作，付出了很多心血。出一本书很不容易，能够将我国历史上的诸多传统名砚集中出版，又能做到各具特色，更属不易。早在两年前，他俩就前往我的住所对"中国名砚"系列的章节结构、内容、语言风格以及读者定位进行过探讨。今日得见齐备的六本书稿码放在眼前，我心里很是欣慰。

　　"中国名砚"系列丛书的出版，是中国砚文化的一件大事、喜事，也是广大砚文化工作者、爱好者、研究者以及收藏者的幸事。

　　遵郭兵、关键二位同志及诸位作者专嘱作序，并致祝贺。

蔡鸿茹 庚寅季夏

序

砚与文人，难舍难分。明代陈继儒在《妮古录》中曾有言："文人之有砚，犹美人之有镜也。一生之中，最相亲傍。"北宋苏轼有一砚铭则印证这一说法："与居士，同出入，更险夷，无燥湿。"古代文人们看到的砚有"点黛文字，曜明典章"的作用。苏轼则认为："砚之美，止于滑而发墨，其他皆余事也。"在中华砚园中，有一砚，既有砚之美、砚之用，又起源神秘，历史久远，名称至今尚有多种，这就是可以与四大名砚遥相呼应的"辽砚"。

姜峰先生在其编著的《关东辽砚古今谱》中，挖掘史料，将辽砚的初制年代认定为明朝的永乐年间。清宫御用松花砚，被清代历朝皇帝皆视为国之重器、清廷至宝，深禁大内，民间不传，但此砚石材产于今辽宁、吉林等地。御用松花石砚，是用松花石雕琢而成的砚台。用松花石制作的砚台，明代初年已有实物。据清初孔尚任著《享金簿》中记载："兹仁寺廊下购得绿端砚，式甚古雅，质尤细腻，镌'绿玉馆家珍'，又刻'孟端氏'，盖九龙山人王绂物也……金殿扬（琢砚名手，供奉内廷，制松花石砚甚夥）辨是辽东松花江石，较绿豆端色尤旧润。"辽东松花江石即为创制御用松花砚和辽砚的石材，因此辽砚乃为辽东之说当可成立。这种石材"具有温润如玉、质细而坚、色嫩而莹、纹如刷丝、多色相间、俏色灿然、滑不拒墨、呵气成晕的优良品质，可使瑜糜浮艳，毫颖增辉。它不仅具有神妙兼备、赏用两全的艺术与实用价值，而且蕴含着丰富的历史与文化沉淀，是弥足珍贵的非物质文化遗产之一"。

目前，"辽砚"已在世博会上展出，业已成为辽宁本溪的文化符号。随着辽砚产业的发展，生产基地、研究所、艺术馆、辽砚市场的完善，辽砚这个本溪特有的文化符号也正逐渐升华为文化品牌。

2010 年 11 月，本溪市人民政府批准成立了辽砚文化产业园区。园区成立以来，成功举办了两届"中国·本溪辽砚文化节"和两届"中国·辽砚文化论坛"；2013 年 5 月 8 日，本溪市组建了本溪市辽砚行业协会，然后通过该行业协会申请办理了"辽砚"地理标志证明商标，并于 2014 年 3 月 12 日注册成功。2015 年 9 月，本溪市人民政府颁布第 177 号令《本溪市促进石产业发展办法》，并于 2015 年 11 月 1 日起施行。此令对整合资源，推动石产业发展，拉动地方经济将起到积极作用。

本是万物之根，溪乃四海之源——本溪作为一座现代山水工业之城，它位于辽宁东部。素有"地质摇篮"之称的本溪因其历史、地貌、地文景观、水域风光和生物景观而扬名天下。作为地质摇篮的本溪，盛产青紫云石，它是地质历史时期沉积作用的产物，其石质为一种极其特殊的石灰沉积板岩。

在这座山环水绕的"钢铁之都""枫叶之都""中国药都"中，有一所省属的本科院校——辽宁科技学院。这个学院有一个团队——辽砚文化研究团队。该团队负责人、管理学院院长李焕军对辽砚有着浓厚的情缘和执着的追求，这本书就是李焕军教授与团队的另一成员邹妍老师倾力打造的一部著作，书中内容翔实，例证丰富，文字通俗，图片精美，较为全面地对辽砚进行了介绍，兼具知识性与实用性。

辽砚与松花砚有着不解之缘。人们提起辽砚就会想到辽宁本溪，讲到松花砚就会想到吉林，同样的石材成分，一样的形成年代，共处长白山脉，分属于辽朝辖地和清朝龙兴之地，而今同为省级非物质文化遗产……究其渊源，归纳起来有以下几种说法。不同种不同源说：辽砚和松花砚是两个独立的砚种，辽宁本溪是辽砚之乡，吉林是松花砚之乡。并行不悖说：辽砚和松花砚两个砚种在本溪共存、共同发展，是中国"砚花园"中的孪生奇葩。同源同种说：辽砚流行于民间，松花砚出生于宫廷，松花砚是辽砚中的格格，身价不一样。还有一种传说：辽砚是辽代的砚，此说未能从"首尾欠缺、记事不完备"的《辽史》及其他史料中找到依据，据辽史专家李锡厚著的《辽史》记载"北票市水泉沟1号辽墓出土的风字形青石砚一方"现存辽宁省博物馆，有待于专家考证用料的成分来断定。本书的编纂试图厘清这些问题，在此基础上证明辽砚和松花砚乃为"一石两葩"。以辽砚为代表的"桥头石雕"和"松花砚雕刻技艺"被分别列入辽宁和吉林省首批非物质文化遗产名录，"本溪松花石砚雕刻技艺"被列入辽宁省第四批省级非物质文化遗产名录。本溪"砚台制作技艺"（松花石砚制作技艺）于2015年被列入第四批国家级非物质文化遗产代表性项目名录中。我们希冀今后辽砚被更多人认知。

为本书写序，颇为难。作为焕军教授的同事，自认才力绵薄，推却再三，勉力为之，写下了上面的文字。

赵丽虹　2016年5月

（赵丽虹：辽宁科技学院教授、辽宁省作家协会会员）

目　录

第一章　闯关东　话辽砚 ………………………………………… 1

一、辽砚产于本溪 ………………………………………………… 5

　　（一）本溪概况 ……………………………………………… 5

　　（二）本溪历史略述 ………………………………………… 7

二、辽砚原名桥头石砚 …………………………………………… 11

　　（一）桥头与桥头石砚 ……………………………………… 12

　　（二）关于辽砚之名称的几种说法 ………………………… 14

三、辽砚与松花砚 ………………………………………………… 23

　　（一）石材同出长白山系 …………………………………… 25

　　（二）辽砚出产早于松花砚 ………………………………… 27

　　（三）传承历史和造型风格不同 …………………………… 30

　　（四）对后世影响不同 ……………………………………… 33

　　（五）共兴于松辽大地 ……………………………………… 36

第二章　辽砚发展历史沿革 …………………………………… 37

一、明代有遗存做证 ……………………………………………… 38

　　（一）关于王绂藏砚 ………………………………………… 38

　　（二）朝鲜官员诗文加以佐证 ……………………………… 40

　　（三）沈阳故宫博物院藏砚 ………………………………… 42

　　（四）本溪具备必要的生产和销售条件 …………………… 42

　　（五）资料证明辽砚始产于清代以前 ……………………… 43

二、清代早中期名淹松花砚之后 ………………………………… 44

　　（一）清代松花砚生产概况 ………………………………… 44

　　（二）清代松花砚的艺术特点 ……………………………… 46

三、清末及民国时期 ……………………………………………… 47

　　（一）清末及民国早期 ……………………………………… 47

　　（二）民国中期 ……………………………………………… 50

　　（三）民国晚期 ……………………………………………… 53

四、新中国成立后 ………………………………………………… 58

五、改革开放带来无限生机 ……………………………………… 60

第三章 辽砚砚石分布及主要矿坑 63

一、砚石产地地理位置 64

二、砚石产地的地势地貌 65

三、砚石的资源特色 66

    （一）分布相对集中 66

    （二）露天矿藏、储量巨大 66

    （三）易于开采 67

四、砚石主要坑口 69

    （一）本溪平顶山老坑 69

    （二）平山区桥头镇小黄柏峪老坑 71

    （三）南芬区思山岭乡大黄柏峪坑 71

    （四）南芬区金坑 72

    （五）新近发现的坑口 73

第四章 辽砚的石色、石质及石病 75

一、辽砚砚石的形成 76

二、辽砚砚石的分类及检测 78

    （一）青云石 78

    （二）紫云石 79

    （三）青紫云石 79

三、辽砚砚石的石色石品 80

    （一）石色 81

    （二）石品 82

四、辽砚砚石的特点 87

    （一）石材特点 87

    （二）石质特点 91

    （三）与"四大名砚"特征对比 96

五、辽砚砚石石病 97

    （一）硬筋 97

    （二）断瑕 98

    （三）斑点 98

    （四）铜钉 98

六、辽砚砚石的其他用途 ·································· 98

    （一）观赏 ·· 99

    （二）制作工艺品 ································ 99

    （三）建筑装饰材料 ······················· 100

第五章　辽砚雕刻的普遍性与特殊性 ·········· 101

一、辽砚雕刻的普遍性 ···························· 102

    （一）备料阶段 ································· 102

    （二）维料阶段 ································· 103

    （三）雕刻阶段 ································· 106

    （四）装饰阶段 ································· 109

二、辽砚的特殊性 ································· 111

    （一）石砚石盒利于使用 ···················· 111

    （二）组合式结构独特 ······················ 112

    （三）纹饰具有东北民俗特点 ················ 116

    （四）特殊的开锋方式 ······················ 120

    （五）开封、开锋与启锋 ···················· 121

第六章　当代辽砚生产概况 ···················· 123

一、辽砚的恢复与生产 ···························· 124

    （一）恢复辽砚生产的关键人物——冯军 ······· 124

    （二）当代辽砚雕刻艺术优秀代表 ············ 127

二、改革开放后产销两旺 ························· 132

三、本溪市政府高度重视 ························· 134

四、辽砚创作技艺守正出奇 ····················· 137

    （一）砚体装饰纹样的创新 ·················· 138

    （二）砚体结构的创新 ······················ 141

五、当代辽砚生产的误区 ························· 143

    （一）材料浪费严重 ························· 143

    （二）偏离基本属性 ························· 144

    （三）追求怪异、雕刻不精 ·················· 145

    （四）简单模仿、盲目跟风 ·················· 145

第七章　辽砚文化产业的可持续发展 ·····························147

一、辽砚产业极具文化价值 ·································148

二、辽砚产业园区发展的有利条件 ·························148

三、辽砚文化产业可持续发展对策 ·························150

（一）发挥政府职能，主导辽砚文化产业可持续发展 ·········150

（二）发挥行会优势，引领辽砚文化产业可持续发展 ·········151

（三）发挥企业作用，推动辽砚文化产业可持续发展 ·········155

（四）发挥智囊功能，智力支持辽砚文化产业持续发展 ·········158

参考文献 ···160

后　　记 ···161

第一章

闯关东 话辽砚

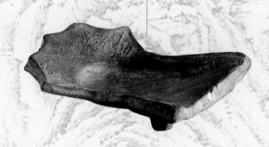

"关东"是一种地域概念上的俗称，其地域范围包括现今的山海关以东的广大地区，其中包括辽宁、吉林、黑龙江三省。

关东之"关"，乃指山海关。在明初，山海关的修成和长城的相连，使人们以山海关为地标而产生了"关东""关西"和"关内""关外"的地域概念，明确了今吉林、黑龙江两省不在明朝直接派官的管辖之内。而至清代，满族登上历史舞台，彻底改变了明代关东建州女真、海西女真、野人女真互不统属的各自分散的状态，形成了一个整体民族。随着统治政权的建立和巩固，清代彻底废除明代所筑辽东边墙及开原三关的藩篱，将整个关东地区从政治上及民族关系上都连为一个整体。但为了保护自己的发祥之地，清政府对以上地区实行了"封禁"政策，严禁汉人进入满洲"龙兴之地"垦殖。

山海关

位于河北省秦皇岛市东北 15 公里，明长城的东北关隘之一，有"天下第一关""边郡之咽喉，京师之保障"之称。与万里之外的嘉峪关遥相呼应，闻名天下。

明朝洪武十四年 (1381 年)，中山王徐达奉命修永平、界岭等关，带兵到此地，以古渝关非控扼之要，于古渝关东 30 公里处移建关隘。因其北倚燕山，南连渤海，故得名"山海关"。

在 1990 年以前，山海关被认为是明长城的东北起点，其境内长城 26 公里，至今已有 600 多年的历史。山海关的城池，周长约 4 公里，是一座小城，整个城池与长城相连，以城为关。城高 14 米，厚 7 米。它汇聚了中国古长城之精华。

在清代数百年的统治历史中，中原地区黄河下游数次连年遭灾，深陷荼毒之苦的贫困百姓四处外出求生自救，而清朝政府却依旧禁关，致使大批土地无人开垦，遂有成千上万的灾区农民不顾禁令，冒着生命危险"闯"入东北谋生。据历史记载，清顺治十年（1653 年），清廷颁《辽东招民开垦则例》，大量冀、鲁流民涌入东北，开垦荒地，从事采矿和工商业，使本溪的采矿、冶铁业又见复苏。至 1840 年，东北人口突破 300 万，比 100 年前猛增了七八倍。清末沙俄侵略东北，清廷在东北局部弛禁放荒，继而全部开禁，加之重典流放至东北的案犯，又使东北总人口在 1910 年增至 1800 万。日本人小越平隆 1899 年在《满洲旅行记》中记载

天下第一关

"天下第一关"匾额

匾长 5.9 米，高 1.6 米，高悬于山海关城的东门上端。此匾无款，相传为明代著名书法家萧显所书，其字笔力苍劲浑厚，与城楼风格浑然一体，堪称古今巨作。

"闯关东"雕塑

雕塑位于山东济南章丘闯关东文化广场，主要表现了当年山东人闯关东时在路途上的情景，整组雕塑展现给人一种不畏艰险、一往无前"闯"的精神。

19世纪初，黄河下游连年遭灾，黄河下游的齐鲁百姓不得已闯入山海关以东的东北三省谋生。从清朝初年至新中国成立之前，迫于生计的大批华北穷苦百姓，先后有3000多万人相继踏上关东大地。这种历史上鲜见的移民现象被称为"闯关东"，它所历经的时间最长、经历的人数最多，是中国乃至世界移民史上最大的一次迁徙活动。

了当年真实的历史画面："由奉天入兴京，道上见夫拥独轮车者，妇女坐其上，有小儿哭者眠者，夫从后推，弟自前挽，老妪拄杖，少女相依，踉跄道上，丈夫骂其少妇，老母唤其子女。队队总进通化、怀仁、海龙城、朝阳镇，前后相望也。由奉天至吉林之日，旅途所共寝者皆山东移民……"此外，以修筑当时的中东铁路为例，日本人稻叶君山也曾记载："中国苦力，如蚁之集，为其操作，而劳力供给地之山东，更乘机输送无数劳工出关为之助，是即谓一千五百余里之中东路乃山东苦力所完成，亦非过言也。"《黑龙江述略》载："而雇值开垦，则直隶、山东两省为多。每值冰合之后，奉吉两省，通衢行人如织，土著颇深恶之，随事辄

相欺凌。"这就是"闯关东"的来历。

"闯关东"使东北地区迁入了以山东为主的大量的人口，也使得广袤的荒芜土地获得了前所未有的开垦和利用，更为重要的是这一历史之"闯"，使齐鲁文化切入东北，使满、蒙、汉各族在此期间实现了大融合，不仅增加了关东地区的人口资源，推动了农业经济发展，也使中原文化、齐鲁文化得以在关东地区顺利生根发芽，并迅速在关东地区扩散，从而大大丰富了关东地区的文化内涵，为传统汉文化的发扬光大奠定了良好的基础。此举也为辽砚的产生和发展带来深远的影响。

一、辽砚产于本溪

"辽砚者，关东第一名砚也！辽砚出产于辽宁省本溪市桥头镇，是关东地区始制时间最久且从未间断的民间制砚。"这是关东石砚文化研究专家姜峰先生《关东辽砚古今谱》开篇的第一句话，也是其通过多年的考察调研和查史论证所得出的一个结论。由其著作我们得知，辽砚早期产于现在区划的辽宁省本溪市平山区桥头镇小黄柏峪村，后发展到溪湖区、南芬区和明山区，这些地方均采用本溪桥头的辽砚砚石进行加工制作。

（一）本溪概况

本溪市位于辽宁省东南部，东与吉林省通化、集安为邻，西与辽阳市、鞍山市接壤，南临丹东，北靠沈阳、抚顺，是沈丹（沈阳—丹东）、溪辽（本溪—辽阳）、溪田（本溪—田师村）铁路及沈丹公路的重要枢纽，交通便利，地理位置优越。

本溪市总面积8411平方公里，其地域状形状

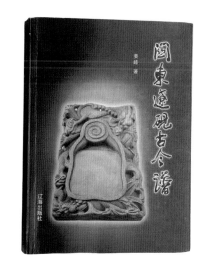

《关东辽砚古今谱》

2011年12月由辽海出版社出版，作者姜峰。规格为大16开，16.5个印张，34千字，定价300元。它是辽砚的第一部重要研究成果。

该书作者名姜峰，字在森，号二甲堂主人。祖籍山东昌邑，自幼随父母到辽宁本溪，中国共产党党员。退休前为本溪市政协副主席，原辽宁省社科院民俗学文化学研究所暨非物质文化遗产研究中心客座研究员，长期致力于关东石砚文化研究。

大致呈两端大、中部狭小的哑铃状。本溪是辽宁省省辖市，是辽宁中部城市群的中心城市，沈阳经济区副中心城市。

全市辖平山区、明山区、溪湖区、南芬区四个行政区和本溪、桓仁两个满族自治县。全境人口由汉、满、回、朝鲜等26个民族组成，现常住人口为170.95万人。

本溪地处辽东，境内山峦起伏，森林茂密，河流纵横，物产丰富。山地面积约占全境的80%，境内主要有太子河、浑江、草河三大水系，有大小河流200余条，素有"八山一水一分田"之说。中温带的湿润气候使本溪四季分明，雨水充沛，光照充足，利于玉米、大豆、水稻等农作物的生长。

本溪地下矿产丰富，是中国著名的钢铁城市，以产优质焦煤、低磷铁、特种钢而著称。已发现金属矿铁、铜、铅、锌、钼、金等和非金属矿等

辽宁省行政区及本溪地理位置

辽宁省，简称"辽"，省会沈阳，辖沈阳、大连2个副省级城市和包括本溪在内的12个地级市。辽宁位于中国东北地区南部，南临黄海、渤海，东与朝鲜一江之隔，与日本、韩国隔海相望，是东北地区唯一的既沿海又沿边的省份，也是东北及内蒙古自治区东部地区对外开放的门户。

本溪市位于辽宁省东南部，北与沈阳市、抚顺市相连，西与辽阳市、鞍山市相接，南临丹东市，东邻吉林省通化市、集安市，交通便利，地理位置优越。

矿产 8 大类 45 种，其中铁矿石已探明储量 27 亿吨以上，石灰石矿（水泥）储量 2.1 亿吨，溶剂石灰（冶金）储量 1.3 亿吨。稀有和放射性矿产主要有铀、绿柱石等；非金属矿产主要有煤、石灰石、石膏、滑石、黏土、硅石等。本溪被誉为"地质博物馆"。

本溪森林资源丰富，共有木本植物 47 科 100 属 251 种，其中有红松、油松、落叶松以及柞、桦、椴、榆、柳等珍贵木材，森林蓄积量 4860 万立方米，占辽宁省森林蓄积量的 26%；森林覆盖率 74%，居辽宁首位，被称为辽东"绿色屏障"。本溪山中的珍贵木本花卉天女木兰，不仅有观赏价值，而且有很高的经济价值，是本溪的市花。

（二）本溪历史略述

本溪社会发展历史悠久。资料显示，太子河（古称衍水、大梁河、梁水）流域自古就是东北地区人类文明的发祥地之一。根据本溪满族自治县庙后山发掘的古人类遗址考察，早在 40 多万年前，我们的祖先就已经繁衍生息在这块土地上。

本溪夜景

美丽的本溪

本溪是中国辽宁省东部下辖的一个地级市，是国务院批准的具有地方立法权的较大的市，是辽宁中部城市群的中心城市，沈阳经济区副中心城市。本溪矿产丰富，被誉为"地质博物馆"，是中国著名的钢铁城市。以产优质焦煤、低磷铁、特种钢而著称。

本溪五女山山城是高句丽族的发祥地、清朝的肇兴地。本溪还是中国优秀旅游城市、全国依法治市先进市、全国民族团结先进市、全国"双拥"模范城市，素有"钢铁之城""中国医都""中国枫叶之都"之称。

明代辽东都司行政区域图

"辽东都司"全称"辽东都指挥使司"，是明朝在辽东地区设立的军政机构，在建制上属于山东承宣布政使司，又称山东行都司。辽东都司的行政区域略小于今天的辽宁省。

洪武四年（1371年），明太祖在辽东设置定辽都卫，六年（1373年）6月，置辽阳府、县，八年（1375年），定辽都卫改为辽东都司，治所在定辽中卫（今辽阳市），辖区相当于今辽宁省大部；十年（1377年），府、县都罢黜，只留卫所。

正统后，因东部蒙古兀良哈诸族南移，明朝渐失辽河套地区（今辽河中游两岸地）；天启元年（1621年）至崇祯十五年（1642年）间，辽东全境为后金（清）所兼并。

朱元璋像

朱元璋（1328—1398），字国瑞，幼名重八，又名兴宗。汉族，濠州钟离（今安徽凤阳）人，明朝开国皇帝。

1368年在应天称帝，国号大明，年号洪武。1398年病逝于应天，庙号太祖，葬明孝陵。

因本书所论辽砚发展由明而始，且辽砚的发展与其历史息息相关，故此仅从明代开始进行简述。

1. 明清时期

明初疆域辽阔，除囊括内地十八省之外，明初东北疆域抵至日本海、外兴安岭，后缩为辽河流域。在东北，明太祖朱元璋于洪武四年（1371年）2月，置辽东卫指挥使司，同年7月改置定辽都卫，六年（1373年）6月置辽阳府、县，洪武八年（1375年）10月又改置辽东都指挥使司，治所在定辽中卫（今辽阳市），领25个卫，2个州，辖区相当今辽宁省大部。洪武十年（1377年）府、县都罢黜，只留卫所；永乐元年（1403年）设置建州卫，治所赫图阿拉（今新宾西老城）；永乐六年（1409年）设置奴儿干都指挥使司，

共辖 130 多个卫所。今之本溪市区、本溪县辖属辽东都指挥使司之东宁卫，桓仁县辖属贝儿子都指挥使司之建州卫。宣德九年（1434 年），明朝军队全部退守辽东。晚明，辽东全境为努尔哈赤、皇太极父子统治的后金（清）所兼并。1621 年，努尔哈赤定都辽阳，1625 年迁都沈阳（奉天）。1644 年，顺治帝又迁都北京。

　　清顺治元年（1644 年），本溪市区、本溪县属于辽阳府；十四年（1657 年），辽阳府被降为辽阳县。康熙三年（1664 年），辽阳县升为辽阳州。至 1906 年本溪县设治前，本溪市区、本溪县分属于奉天府辽阳州、兴京抚民厅、凤凰厅三地。因辽东系发祥重地，桓仁一带在康熙年间被列为封禁地，属奉天府岫岩厅管辖。光绪三年（1877 年），清廷于佟佳江（今浑江）东岸设置怀仁县，隶属于兴京抚民厅。光绪三十一年（1905 年），盛京将军赵尔巽以辽阳州本溪湖地区"万山重叠，路径分歧，为盗渊薮"，奏请朝廷设立本溪县。《清实录》载："光绪三十二年十月辛卯，添设本溪知县，从盛京将军赵尔巽之请也。"次年，吏部批准将本溪湖及周围地区分别从辽阳州、兴京厅、凤凰厅划出，正式设置本溪县，始属东边道，后隶属于奉天省。治所在牛心台，后迁至本溪湖河东街。

　　因奉天省怀仁县与山西省怀仁县重名，怀仁县于 1914 年改为桓仁县。同年，全国设道分区，本溪、桓仁两县属奉天省东边道。

　　1905 年 12 月 15 日，全长 303.7 公里的铁

赵尔巽像

　　赵尔巽（1844—1927），字公镶，号次珊，又名次山，清末汉军正蓝旗人，奉天铁岭（今辽宁铁岭市）人，祖籍山东蓬莱。清代同治年间进士，授翰林院编修。历任安徽、陕西各省按察使，又任甘肃、新疆、山西布政使，后任湖南巡抚、户部尚书、盛京将军、湖广总督、四川总督等职，宣统三年（1911 年）任东三省总督。辛亥革命后在奉天（今辽宁）成立保安会，阻止革命。民国成立，任奉天都督，旋辞职。1914 年任清史馆总裁，主编《清史稿》。袁世凯称帝时，被尊为"嵩山四友"之一。

伪满洲时期的奉天旧照

图为奉天火车站站前广场，为伪满时期日本人拍摄。

伪满洲时期的本溪湖全景照

图为伪满时期的本溪湖全景照，本溪湖即现本溪市区老城区。本图为伪满时期日本人拍摄。

路安奉线（安东—奉天，安东即今丹东）军用窄轨轻便铁路建成通车，安奉铁路全线设25个停车站，途经本溪市和本溪县。

2. 民国至新中国成立前

1912年（民国元年），奉天府改为奉天省，本溪县属奉天省东边道。1916年（民国五年）日本财阀大仓喜八郎开采马鹿沟铜矿。1917年（民国六年），本溪湖发电所——南芬庙儿沟铁矿的22千伏送电线路建成，全长31公里，为东北输电线路开端。

1928年（民国十七年），张学良在东北易帜后，改奉天省为辽宁省，本溪县隶属辽宁省。1931年9月18日，日本关东军发动"九一八"事变，后东北沦为日本殖民地。1932年（民国二十一年）3月，日本扶持伪满洲国傀儡政权，将辽宁省改为奉天省，本溪县隶属奉天省。1937年（民国二十六年），日伪政权实行街制，在本溪县公署

所在地本溪湖设立本溪湖街。日本政府以撤销"治外法权"的名义，将满铁附属地交还日本控制下的伪满政权，原满铁附属地本溪湖火车站、顺山、河沿一带并入本溪湖街。1939年（民国二十八年）10月1日，伪满政权将本溪湖街、宫原一带（今本溪市平山区一带）从本溪县划出，设置本溪湖市。1945年（民国三十四年）8月，本溪县人民政府建立。11月中旬，中共本溪县委成立。

1946年10月1日，国民党辽宁省政府下令撤销本溪湖市，将市区并入本溪县。

1948年本溪全境解放，成立本溪市人民政府。本溪市辖本溪县。桓仁县均隶属于安东省。

3. 新中国成立后

1949年4月，东北行政委员会决定，本溪市由东北行政委员会直辖。1949年10月1日，中华人民共和国成立。1953年4月，中华人民共和国政务院决定，本溪市改由中央人民政府直辖，为北京、沈阳、鞍山、抚顺、本溪、上海、广州、南京、西安、武汉全国十大直辖市之一。1954年6月，辽宁省成立，本溪市改由辽宁省管辖。

多功能双喜托盘砚

线石　长15厘米　宽24.3厘米　高2厘米　米玉石藏　引自《关东辽砚古今谱》

此砚共由托盘、长方形砚、压火石、和烟灰缸四个部分组成，是20世纪40年代后期制作的。其造型小巧玲珑，新颖别致，尤其那绿地红色的双喜字，观之令人生爱，可为结婚、庆典、重大节日馈赠之大礼。它将砚之工具性能，延展至家、店、堂之艺术摆设，确为开山之作，开创了当时辽砚市场新领域。

二、辽砚原名桥头石砚

辽砚，又称桥头石砚，又名桥头砚，是以辽宁本溪市桥头镇附近所出的砚石加工而成的一个砚种。砚多以青紫云石为原料雕制而成。

关于辽砚，目前国内有很多说法，有人说是

本溪大峡谷鸟瞰

本溪大峡谷位于本溪市南20公里的南芬区境内，沈丹高速公路85公里处。峡谷景区30余平方公里，深近百米，是经过810亿年漫长的地质构造作用，加之各种风化、侵蚀、搬运、地壳抬升而形成的世界著名的"钓鱼台组"地质遗迹。

峡谷内怪岩林立，类人形神，谷崖飞泉，古松倒挂，鸟语花香，各具情态。景区分东峡、西峡两个部分。西峡有观瀑台、摘星台、揽月台、拜佛台、飞云台、播雨台、落霞台、聚仙台等"八瓣莲花观景台"，另有小双峡、关门山、独秀峰、金鸡报晓、二仙峰、女儿石等有名景点多处。东峡有古老的钓鱼台、一线天、莲花台、剑门沟等胜迹多处。它们组成一曲雄峻野逸、疏放独特的大峡谷交响诗画，是旅游休闲、猎奇探胜的绝妙佳境。

南芬区的主要河流是细河，区内流长29公里，年流量达4亿立方米，沿河两岸有大片冲击小平原，地势平坦，土质肥沃。

鸟瞰图中蜿蜒流出峡谷的河流，就是流经本溪的细河沿。

因产于辽代而得名，有人说是因产于辽宁省而得名，有的人还将其归入松花砚，有的人则说辽砚是产于本溪的一个独立砚种，众说纷纭，且各持己见，争论已久。为将其正本清源，我们将其名称来源、产地情况以及历史发展脉络等一一进行梳理，并做如下说明，以期抛砖引玉，为广大砚友提供些许了解辽砚的线索。

（一）桥头与桥头石砚

桥头镇位于本溪市南郊的平山区，北距本溪市区约15公里，西距辽阳古城50公里，四面环山，细河与清水河在境内交汇，唯西边有一出口与外界的平原相通，历来是兵家必争之地。

桥头镇是一个因水而名、因桥而名的地方，名称多有变更。因水而名是因为有细河绕镇而过。细河发源于凤凰城白云山麓，绕桥头村西汇入太子河，故又名"细河沿"，此地名从隋唐五代一直沿用到南北宋时期。辽邦统治者信奉佛教，在细河西大山下建起一座白云寺庙，其地名也由"细河沿"改为"白云寨"。明末清初，白云寨设有

马市，以致招引各地商贾云集在此经商，十分热闹。后又因河水丰沛以致时常泛滥，隔断细河两岸往来，故当地人们筹资建桥一座，成为此地的一个新地标，久而久之，这里的地名就由原来的"白云寨"又改为"桥头镇"了，并一直延续至今。

桥头镇大约 103.1 平方公里，下辖桥头村、金家村、房身村、岭下村、尚家村、河东村、兴隆村、台沟村等 8 个行政村和桥头社区 1 个社区，有丰富的云石、硅石、铁粉、地热水、土地、林带等资源，其中矿产资源非常丰富，如单体铁矿已探明保有储量 30 亿吨，远景资源量可达 76.01 亿吨，是目前世界上最大的。

除此之外，石材资源也非常丰富。尤其是河东村小黄柏峪出产的石材，以制砚闻名。这种石材是一种沉积岩，即水成岩，属上好砚材。《奉天通志·物产志》描绘它"青如碧玉，紫若沉檀"。这种石料不仅外观美妙绝伦，而且质地细腻、坚硬，具有抗酸、耐碱、抗腐蚀、

水流湍急的细河沿

辽宁所辖 14 个地级市，唯有本溪、抚顺和丹东不缺水。又因本溪地处上白山西南的冲积带，丰沛的千山山脉地表水汇聚成湍急的细河水，流经桥头镇。

"喜上眉梢"砚

当代 小黄柏峪坑 紫云石 长14.9厘米 宽10厘米 高4.3厘米 顾福刚制作

作者巧借陈之佛先生的梅雀图,将梅花和喜鹊按紫云石紫绿相间的石色雕制在砚盖上。画面清新委婉,气氛静中有动,刀工细腻精到。砚池的表现手法有创新。

辽三彩堆塑人物暖砚

辽代 长21.5厘米 宽15.5厘米

砚陶质,周身施三彩,砚三壁有高浮雕佛教人物,神态自然。砚堂平坦,砚池做如意云状,砚首做成绵延山峦,或有遮灰挡风之用,惜有残断。砚体中空,可置炭火或热水以防止墨液冻结,设计精巧。

抗风化、防辐射的特点,是不可多得的制砚石,用它制成的砚"滑而不流墨、涩而不磨笔,养墨为群砚之首"。凡史书、方志涉辽阳境内金坑、平顶山、小黄柏峪的,均有青、紫云石可制砚的记述,其制砚地均为桥头。桥头是明代至民国,辽阳地域唯一用青、紫云石为砚石的制砚地,所制之砚即本文所述之"桥头石砚"。

(二)关于辽砚之名称的几种说法

辽砚之名的来历一直为世人所关注。

在近30年的社会发展中,尤其近10年内,在国家推行了抢救和恢复我国传统文化艺术的政策后,砚的生产制作以及销售总体上都表现出了非常大的进步,这使得许多曾被淹没的历史上的砚种陆续恢复了生产,继而被人们重新认识和熟悉,令人欣喜欣慰。但同时,随着许多新老砚种的不断恢复和市场经济的逐渐成熟,一些砚种在推向市场之时,就采取了一些有悖于常规的做法,商家罔顾事实,不尊重产地、历史渊源和文化的传承,甚至是有意歪曲历史进行宣传和推广,使我国传统砚文化产生了许多不和谐的声音,令人心忧。

辽砚之名的说法有很多。为将其来历清晰准确地呈现给大家,本文试将各种说法一一列述,希望广大读者明者自辨。

1. 定名于辽代之说

此说有三。

一说在一篇《话辽砚》的文章中，作者这样写道："辽砚之意不是辽宁砚台，而是辽代砚台，它因始产于辽代而得名。据说辽景宗时，北枢密院史兼北府宰相萧思温常为世代以骑射骁勇著称的契丹民族，少有像汉人那样精于文章者而感遗憾，更为汉人的文房四宝所吸引，能有代表自己民族特点的砚台成了他多年的愿望。一天，他去庙堂还愿，途经桥头镇的小黄柏峪，一眼就相中了那里的石料，带回去进行研究，果真符合制砚的标准。于是派人前去开采，采回石料经过精心选择，再由能工巧匠精雕细刻，很快十几方精美的砚台完成了。当他将这些砚台送进宫后，深得景宗皇帝和萧太后（萧思温之女）喜爱。景宗拿了一方龙凤砚爱不释手，反复品味、鉴赏，赞不绝口，索性将自己御案上的端砚换下，并欣然挥毫在砚台上题了'大辽国砚'四个字，辽砚便从此得名。"

另一说的依据是一"科考报告"。它以河北张家口宣化区下八里村张世卿墓中壁画为依据，言其"壁画中桌案上有一匣式砚，颜色青紫色层叠，共五层。有人考证推测，壁画中石砚的材质，应是辽砚石材中的线石"。

第三种说法乃据辽史专家李锡厚著的《中国历史·辽史》记载，言"北票市水泉沟1号辽墓出土的风字形青石砚一方"，经调查现存辽宁省博物馆，有待于专家考证用料的成分来断定是否与辽砚有关。

《中国历史·辽史》

2006年3月，《中国历史·辽史》由人民出版社出版。作者李锡厚。

李锡厚，汉族，1938年11月生于辽宁沈阳，中国社会科学院研究员，主要研究方向是中国古代辽金史。1963年8月北京大学历史系毕业，分配在黑龙江教中学，1978年考入中国社会科学院研究生院读辽金史专业研究生，1981年10月毕业，获硕士学位。1997年获国务院颁发的政府特殊津贴。

箕斗形陶砚

辽代　长14.5厘米　宽10.7厘米　高
3.5厘米　引自黄海涛、柴俊星编著《开悟
堂聊砚》

《辽砚》

2002年1月1日，由辽宁画报出版社出
版发行。作者魏占魁。

《辽砚》通过发掘的辽墓中出土的陶砚、
石砚、玉砚和银砚，再现了辽代文化所发展
的痕迹，在书中"石砚"一节收录了出土于
辽代的三方古石砚：龙凤套石砚、莲花鱼纹
砚、风字形砚。其一为辽大安九年（1093年）
张文藻墓中壁画的桌面上有一方唐代制式的
箕形砚，带有台座。其二为辽大安九年（1093
年）张匡正墓壁画中有"风字砚"一方，砚
置于雕有卷草花纹的台座上，砚池内有墨一
块，笔两支立于笔架上。其三，辽大安九年
（1093年）张世本墓中壁画桌上也画有一"风"
字形砚，砚有镂空台座。下图为该书封面。

关于这三种说法，姜峰先生在《关东辽砚古
今谱》（简称《古今谱》，下同）中
均做出解释。

其一，姜峰先生认为，"此论在本
溪地区乃至沈阳广为流传，然考无实据，
查无实证。此论制造者抛出两条证据，一是民间
传说。我在辽砚研究的7年中，走访请教了本溪
市内、桥头镇、南芬的许多前辈，均未听说有这
些传说"。他还指出"据辽宁省自新中国成立以
来的考古、发掘的实物证明，在辽宁地区确实出
土了一些'辽砚'，但那些是辽国的砚台，无一
方是桥头石制，多为沙石、玉石、瓷器、金属
器。魏占魁先生所著《辽砚》（辽宁画报出版社
2002年出版）一书，已将辽国之砚阐述得非常
清楚，与桥头石制砚毫无关联"。

其二，言"本溪市考古专家梁志龙先生为证
此说，找出1975年《文物杂志》第八期《河北
省宣化壁画墓发掘简报》，未查到张世卿壁画绘
有辽砚的场景，简报文字也无此记载。只是看到
墓之后室东墙壁画《备经图》之桌上，放着《金
刚般若经》和《常清静经》，即使两部经书放在
一块也不像桥头线石雕制的辽砚"。但经本人备
查，辽代监察御史张世卿墓是于1973年被发现
并发掘的，后又在张世卿墓地附近清理发掘出张
世本、张公诱、张世右、张匡正、韩师训、张文
藻等9座辽代壁画墓葬，构成张家世族壁画墓群。
正如梁志龙先生所说，在张世卿墓室（1号墓）
壁画中的确没有辽砚图像。姜峰先生也由此认为，

"只是看到墓之后室东墙壁画《备经图》之桌上，放着《金刚般若经》和《常清静经》，即使两部经书放在一块也不像桥头线石雕制的辽砚"。而事实是，辽砚图在其后发现的张世卿之祖父张匡正的墓（10号墓）中发现。但尽管如此，张匡正墓中所发现的砚，其造型也非以多层石色的桥头石加工而成，它是一种以澄泥为砚材经烧制而成的陶砚。同样，在张世卿叔父张文藻墓壁画《童嬉图》中也有一方带台座的砚台，从砚之形制上辨是风字砚。砚的台座上下宽而中间束腰，无论如何也看不出是"五道线，上下盖"的辽砚。

　　另外，姜峰先生在《古今谱》中还说"张世卿墓曾出土两方陶砚，为冥器"。由此，可以说，在张世卿墓葬群中不论是出土的砚还是壁画中的

张匡正墓后室东壁壁画（局部）

　　张匡正墓是张世卿张氏家族墓群之一，位于河北张家口宣化区下八里村北一里许的坡岗上。张氏家族墓群自1973年首次发掘出张世卿墓后，又相继在该墓附近清理发掘出张世本、张公诱、张匡正、韩师训、张文藻等9座辽代墓葬。因张世卿墓发现较早，故以"张世卿墓葬群"命名该墓群。其墓室建于辽天祚帝天庆六年（1116年），因墓室墙壁全是壁画而闻名。壁画人物中，有汉人也有契丹人，反映出明显的契丹、汉族两种习俗并存交融的地方特色，其画色彩鲜艳，笔法流畅。墓群的文化内涵非常丰富，它不愧为辽代历史画卷，不愧为地下艺术画廊。

　　下图为墓群中张匡正墓室壁画局部图。图中的砚很明显为澄泥烧制成的陶质砚，而非以桥头石制成的石砚。

青紫云石"龙凤呈祥"砚

民国 青紫云石 长36厘米 宽34厘米 高3.5厘米 引自姜峰著《关东辽砚古今谱》

此砚原为"满洲国"奉天省警察署长姜孝峰所有，后因女儿出嫁至瓦房店，被作为嫁妆带到瓦房店的。砚盖边缘刻有"警察署长巡阅纪念"和"康德七年一月三十日，桥头警察署"款。

瓦房店市博物馆出具的信封及信件

下图是2010年6月20日瓦房店市博物馆寄出的信封和信件。

瓦房店市博物馆位于辽宁省大连市瓦房店市南共济街一段8号，是一家隶属于瓦房店市文化体育广播影视局的县级市文化单位，主要业务为收藏展览文物、弘扬民族文化，文物征集、鉴定、登记编号、保管，文物展览，文物复制及相关研究。

砚均与桥头石所制的"辽砚"无关。

目前作者没有资料可以证明辽代是否与辽砚有关。

2. 定名于辽阳之说

此说以产地辽东地域而命名。辽砚始产于辽宁省本溪市平山区桥头镇，古属辽地，亦曾辖属辽阳，现属辽宁省，辽宁省简称"辽"，故而得名。如端砚因古端州而名，歙砚因古歙州而得名。此说符合国内传统砚台以地域命名的惯例。

3. 始现于明代之说

此说也有多种说法。

其一为《古今谱》所载："有人说'1998年初，瓦房店一处明代墓出土两方辽砚，砚上刻白云寨款（白云寨乃桥头古称），砚池中有墨液未干，濡笔能写字'。"

关于此说，《古今谱》也给予明确回应，指出："1986年秋，居民王凤鸣（瓦房店市得利寺镇华洪沟村）在挖房基时挖出一方砚台，而妇女说是其公公在土改时怕被农会收缴而埋到房基之下，并说大队部（人民公社时的基层单位）水缸底下还有两方。后经指认发掘，又在大队部水缸底下起出另两方砚台。经瓦房店市博物馆确认，这三方砚确实是桥头制辽砚，为伪满洲国奉天省警察署长姜孝峰所有，其中一方上刻记了他巡查桥头警察署时得到三方砚的事实。随后，他在女儿出嫁时将其作为嫁妆一并送给女儿。事实上，砚上并没有'白云寨'款；同时，在瓦房店市博物馆出具的《瓦房店市三方辽砚出土经过》一文中也没有提到三方砚的全部或者哪一方是明代的砚。故而，这一'瓦房店出土的明代砚'的传说也就不攻自破。"

其二，《古今谱》中也记载了根据《奉天通志》《辽阳县志》和清王士禛之《香祖笔记》、孔尚任之《享金簿》等地方志和诗文中所说，桥头石砚（辽砚）最早应生产于明代永乐时期。关于此说，姜峰先生在《古今谱》中已做出大量陈述给予认定。本文则支持这一观点，但因其考证细致，文章较长，且内容与本书第二章"辽砚发展历史沿革"内容相叠，故此处暂且不论。

4. 盛名于清代之说

此说有二。

其一，相传清太祖努尔哈赤在一次游猎时不小心迷了路，遇到一村，看到青红相间的奇石铺地，围成院落，颇有一番世外桃源之感，便令随从请来当地一位知名老者询问此石的来历，才知这就是流传久远的辽砚砚石。恰好此老者擅长雕刻，家中藏有几方宝砚，他便送于老汗王，这位马上皇帝爱不释手，此后，辽砚一度传开，在努尔哈赤的号令下，老者又雕琢了一座山水座屏，现收藏于沈阳故宫内。

其二，清朝康熙年间，皇宫开始用吉林所产

青紫云石"龙凤呈祥"砚

　　民国　青紫云石　长24.5厘米　宽14.7厘米　高2.5厘米　引自姜峰著《关东辽砚古今谱》

　　此砚原为"满洲国"奉天省警察署姜孝峰所有，是因其女儿出嫁被带到瓦房店的第二方砚。

金坑紫石淌池砚

民国 长14.6厘米 宽10厘米 连盖高1.9厘米 引自《关东辽砚古今谱》

"寒江晚晴"套砚

当代 金包玉石 直径14.5厘米 高5厘米 章永军制

此砚利用了石材的自然俏色变化，巧妙构思，立体地再现了飞雪过后的万里江山，一片银装素裹的美景，在月光的映衬下，显得格外清新宁静。

这是因为本溪在伪满时期曾一度被日本人所统治，并在此期间铺设途径本溪的安东（今丹东）至奉天（今沈阳）的安奉铁路，故而得名"安奉石砚"。关于此段历史，本书将在后文详述。

8. 其他说法

由于辽砚石材主要产于辽宁省本溪市平山区桥头镇一带，且以石色青、紫二色石材加工而成，故其名称除"桥头石砚""桥头砚"外，还有"青云石砚""紫云石砚""溪花石砚""辽东彩云石砚""本溪松花石砚"等。还有将其称之为"本溪湖石砚""青石砚""紫石砚""砥石砚""绿石砚"者等。还有的以其砚坑之名将其称为"南芬云石砚""金坑石砚"等。

对于砚种之名的命名，自古有几种通行做法：一是以出产砚石之地而名，此类典型的有端砚、歙砚、淄砚、天坛砚、嘉峪石砚等；二是以石色和纹理命名，如松花砚、红丝砚、金星砚、冰纹石砚、燕子石砚、菊花石砚等；三是以河流名称而命名的，如沱江石砚、易水砚等。有的则以成型工艺而命名，如澄泥砚、漆砂砚等，不一而足。

关于辽砚之名，本书遵循古代以砚石产地而名之惯例，且后有少帅张学良与蒙师白永贞诗句为证，命名为"辽砚"。

关于辽砚从何时开始制砚，则涉及辽砚制砚之起源。前文所述的传说和推测往往缺乏可信度而不足为证。正确的方法是引用确切记载的史传文字和相关考古发掘报告或出土实物予以证实，但目前尚无资料和实物予以佐证。庆幸的是，《古今谱》的作者姜峰先生带领课题组通过多年的考察调研和查史论证，将辽砚的初制年代认定为明朝的永乐年间，这是目前辽砚制作历史最早的、较为严谨的且具有一定说服力的一例考证结论，这一结论在砚界已得到普遍认同。本书对这一结论持支持态度。

三、辽砚与松花砚

在我国制砚史上，东北地区出产有松花砚和辽砚两种。从地质构造的角度讲，这两种砚石同属长白山系；从石色石质角度讲，这两种砚从砚石石材的外观、石色、肌理看，在某些方面具有高度的相似性，有的方面甚至是完全相同的，一般人是很难将二者区别开来，也正因为如此，在很长的一段历史时期，人们都将其统称为松花石，并将松花石制成的砚统称为"松花砚"。

然而，这两种砚是有区别的。首先，从行政区域这一角度讲，这两种砚砚石的出产地分属吉林和辽宁两个省份；其次，从制砚历史的角度讲，这两种砚一个肇始于清代，是清代宫廷"御砚"的杰出代表，另一个则在明代永乐时期

长方形"青龙"纹砚

当代　青紫云石　长 24 厘米　宽 16 厘米　高 3.5 厘米　王德昌制

此砚以青云石为材，将汉代四灵之一的青龙和玉器龙纹作为装饰题材，以青紫二色俏色而成，古意焕然。

"竹节"砚

当代　金包玉石　长 18.5 厘米　宽 12 厘米　高 3 厘米　房功理制

生产，"深居简出"，二者有着截然不同的发展史，且都对后世产生有深远的影响，再次，从造型结构和主要纹饰方面看，一种表现出了清宫特有的皇家文化的尊贵气质，一种则表现出了东北乡村淳厚质朴的风韵；如此种种，不一而论。

厘清两个砚种的异同是很有必要的。首先这是一种社会责任。尤其在当今我国经济形势良好，文化复兴的社会大背景下，在人们对砚的认识也在进一步深入和扩大的前提下，客观、正确、科学地厘清砚种的历史、传承和特点是每一位制砚人、用砚人和研究者必须要弄清楚的，只有这样，才能正确、准确地传承和弘扬砚文化。其次，这是社会市场经济的需要。前文已述，由于两种砚的材质出产的地方不同、砚作生产的"出身"不同，同时工艺和纹饰都有鲜明的区别，所以在销售市场上表现出的结果也不同，甚至差别很大，以致

松花石寿字砚

清雍正　砚长11.6厘米　宽8.5厘米　高0.9厘米　盒长12.3厘米　宽9.2厘米　高1.6厘米　引自《品埒端歙——松花石砚特展》

许多商家以此充彼，获取暴利。故而，正确对待和区分两种砚是极为必要的。

对于辽砚和松花砚二者的异同，各方面的历史资料都比较少，除了清代康雍乾时期的一些砚谱资料外，比较重要的有台北"故宫博物院"副院长、名砚鉴赏家嵇若昕所著的《品埒端歙——松花石砚特展》、原辽宁省社科院民俗学文化学研究所暨非物质文化遗产研究中心客座研究员姜峰先生所著的《关东辽砚古今谱》，以及当代松花砚雕刻大师刘祖林先生的《松花石砚》和《中国松花砚》等。在这几本专著中，作者的论断都有较为系统的研究理论和实物予以支持，较为可贵。除此之外，还有一些其他资料散见于网络、报刊等媒体。本书就以上资料和辽砚近几年的研究及生产情况试做梳理，以飨读者。

（一）石材同出长白山系

辽砚与松花砚同属东北地区，一为松花江流域的吉林省通化所产，另一为辽宁省本溪市桥头镇所产。二者石材均出产于长白山山脉，同属松花石矿脉，而历史上也将两地产石曾通称为"松花石"系列。

长白山主峰白云峰远眺

长白山天池

长白山山脉主峰白云峰是我国东北境内的最高峰，海拔 2691 米，因其诸多主峰多白色浮石与积雪而得名，是松花江、图们江和鸭绿江三江发源地。

长白山天池像一块瑰丽的碧玉镶嵌在雄伟的长白山群峰之中。它是中国最大的火山湖，也是世界海拔最高、积水最深的高山湖泊，现为中朝两国的界湖。

《品埒端歙——松花石砚特展》

1993 年 9 月由台北"故宫博物院"出版，执行编辑嵇若昕。书中收录 89 方松花石砚和 2 件松花石座屏。该书内容分别从"松花石的定名、产地与石质""松花石砚的品第""松花石砚发展史""故宫所藏松花石砚与盒""结论"等 5 个部分分述松花石砚相关信息，内容广泛、深入、详尽，能够追根溯源，从多角度解析清代松花石砚的艺术特色，为近代研究松花石砚者提供了良好的范本和佐证资料。

松花石龙凤砚

清康熙　砚长 15.3 厘米　宽 10.1 厘米　高 1.5 厘米　盒长 16.5 厘米　宽 11.3 厘米　高 3.2 厘米　现藏于台北"故宫博物院"

长白山脉位于我国吉林省、辽宁省、黑龙江省东部，是东北地区东部山地的总称。其北起完达山脉北麓，南延千山山脉老铁山，长 1300 余公里，东西宽约 400 公里，略呈纺锤形，由多列东北—西南向平行褶皱断层山脉和盆、谷地组成。最西列为吉林省境内的大黑山和向北延至黑龙江省境内的大青山。中列北起张广才岭，至吉林省境内分为两支：西支老爷岭、吉林哈达岭，东支威虎岭、龙岗山脉，向南伸延至千山山脉。东列完达山、老爷岭和长白山主脉。其面积约 28 万平方公里。山地海拔大部分为 500～1000 米，仅部分超过千米。主峰白头峰海拔 2691 米，为中国东北地区第一高峰。

长白山区地质条件复杂，有丰富的矿藏。有资料表明，截至 2000 年底，吉林省已探明储量的矿产有 98 种（全国为 152 种），长白山区有 80 种，固体矿产地 368 处，水气矿产地 132 处。依其属性和类别分别划分为能源矿产，黑色金属矿产，有色金属矿产，贵金属矿产，稀有矿产、稀土、分散元素矿产，冶金辅助原料非金属矿产，化亚原料非金属矿产，建筑材料及其他非金属矿产，水气矿产 9 个大类。松花石则属于第

8 类中的泥晶灰岩。

相关地质资料显示，松花石矿藏主要分布在上至安图、下至本溪的长白山脉。松花石形成于 8 亿多年前的元古宙新元古代的南芬组。其主要矿物成分为方解石、石英、云母、黏土以及少量的钡、硼、磷、铁等金属矿物质元素等。

松花石涮池砚

　　清雍正　长10.4厘米　现藏于台北"故宫博物院"

（二）辽砚出产早于松花砚

多方资料均证明松花石砚始自康熙年间。

在 1993 年出版的《品埒端歙——松花石砚特展》一书中，台湾学者、原任台北"故宫博物院"器物处处长嵇若昕女士在书中写道："《西清砚谱》与《格致镜源》二书皆云：'松花石被取作砚材，始自清圣祖康熙。'清圣祖亦对自己能发掘新砚材而沾沾自喜，并亲撰《制砚说》以志其事。他说：'盛京之东，砥石山麓，有石磊磊，质坚而温，色绿而莹，文理灿然。握之则润液欲滴，有取作砺具者。朕见之，以为此良砚材也。命工度其小大方圆，悉准古式，制砚若干方。磨隃糜试之，远胜绿端，即旧坑诸名产亦弗能出其右。爰装以锦匣，胪之棐几，俾日亲文墨。寒山磊石，洵厚幸矣！顾天地之生材甚伙，未必尽收于世，若此石终埋没于荒烟蔓草而不一遇，岂不大可惜哉！朕御

松花石竹节砚

　　清雍正　砚长10.1厘米　宽6.3厘米　高0.8厘米　盒长11.3厘米　宽7.5厘米　高1.7厘米　现藏于台北"故宫博物院"

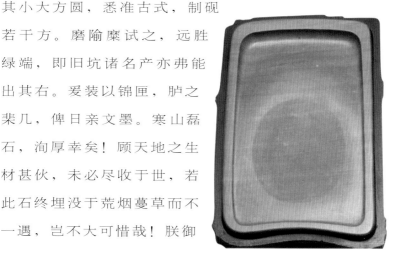

《大清国宝松花石砚》

2004 年 11 月由地质出版社出版，由董佩信、张淑芬二人编著，大十六开精装，定价 580 元。

极以来，恒念山林薮泽必有隐伏沉沦之士，屡诏征求，多方甄录，用期野无遗佚，庶惬爱育人材之意。于制砚成而适有会也，故濡笔为之说。'因此可知，原本多制成'砺具'之松花石，在清圣祖慧眼独具之下，被拔擢为砚材，并命工琢制出若干方砚。……因此，清宫中于康熙朝开始用松花石制砚。在此之前，当地多将松花石琢制成磨刀石。"

据董佩信、张淑芬二位在 2004 年出版的《大清国宝松花石砚》一书中刊载："康熙十六年（1677 年），宫廷内大臣武默纳奉旨寻圣探山后，康熙帝将长白山敕封为'长白山神'。尔后，发现长白山下混同江边砥石山的松花石可中砚材，即命内务府砚工雕琢、试墨，认为'远胜绿端，即旧坑诸名产亦弗能出其右'，并钦点为宫廷御砚，在武英殿造办处专门设置了松花砚作，成立了专司衙门从事松花石采石、运输及保管，开始了松花石砚的制作。"

在 2014 年出版的《中国松花砚》一书中，刘祖林先生说："松花绿石最早被发现的时间应该是在康熙二十一年第二次东巡期间，松花绿石砚最早雕刻的时间应该是康熙二十二年至三十六年之间，也就是《御制砚说》写成的时间。虽然《康熙帝御制文集》的收录跨越了十五个年头，但是关于松花绿石《御制砚说》已在康熙三十六年前写作完成，而'命工度其小大方圆，悉准古式，制砚若干方'足以说明当时制砚已经开始了。只是少量制作，正式形成规模是从康熙四十一年开始。"

很明显，以上三例所述主体均为松花砚，且都一致认为松花砚的始创时间为清代康熙年间。尽管后二例的时间略有不同，但始创于康熙年间是毫无疑问的。

关于辽砚始创时间的说法，尽管前文列有多种，但大多为传说而无真凭实据，不足为信。

程文是以多个历史人物的相关活动和实物为依据进行论证的。

其一大意是说，清初诗人、戏曲作家孔尚任（1648—1718）曾在慈仁寺购得一方绿端砚，上有铭文，认为是明代画家王绂（1362—1416）曾经用过的旧物，而时供奉于清宫的琢砚名手金殿扬（生卒年不详）则认为是辽东松花石砚，且所描述特征与今辽砚极为接近。文中说，嵇若昕也认可金殿扬的判断力。除此之外，姜峰先生还列举有两名明弘治时期的朝鲜官员诗文中所提到的砚，石材均出自桥头，并从中朝相邻的地域、文化、生活习俗等方面予以佐证，辽砚的始创时期当为明代永乐年间。

关于实物，即姜峰先生提到了两方砚，说："在沈阳故宫博

王绂像

王绂，字孟端，号友石，别号九龙山人。元至正二十二年(1362 年)五月三日生，无锡人。明初大画家，工山水，尤精枯木竹石，画竹兼收北宋以来各名家之长，具有挥洒自如、纵横飘逸、青翠挺劲的独特风格，人称他的墨竹是"明朝第一"。永乐元年(1403 年)开始参与编纂《永乐大典》。

松花石松鼠瓜藤砚

清乾隆　砚长 11.6 厘米　宽 8.3 厘米　高 1.1 厘米　盒长 12.2 厘米　宽 8.9 厘米　高 2.1 厘米　现藏于台北"故宫博物院"

"双龙浴海"砚

明代　长36.5厘米　砚底25厘米　厚6.3厘米　横砚首24.3厘米　现藏于沈阳故宫博物院　引自《关东辽砚古今谱》

青云石砚，其砚为长方形，砚首处稍收。石为天青色，纯净润泽，砚堂中微露白色云锦状纹理。砚背覆手刻有一官员观书坐像，之上有"万历年制"篆印，这足以说明明代辽砚雕刻艺术风格的主要特征。

松花石"庆寿"砚

清康熙　砚长15.2厘米　宽9.6厘米　盒长16.3厘米　宽10.8厘米　高2.9厘米　现藏台北"故宫博物院"　引自《品埒端歙——松花石砚特展》

物院，我们看到了一方明弘治款的龙纹青石砚和一方清雍正年间高凤翰款的青云石砚，尽管沈阳故宫博物院有的专家对明弘治款砚纹饰风格存疑，但它却引起了我对台北'故宫博物院'嵇若昕先生《品埒端歙——松花砚研究》一文中有两段记述的重新关注。"但在《古今谱》一书中，姜峰先生并没有刊出这方"明弘治款"的龙纹青石砚，却在图版部分刊出一方"明万历年制双龙浴海砚"的图文资料，使明代辽砚实物证实的时间出现了新的偏差，且相差100余年。尽管如此，但《古今谱》从文字资料或实物上已证明辽砚至少是在明代万历时间就有生产。

（三）传承历史和造型风格不同

由于历史资料的匮乏，关于辽砚和松花砚二者的传承历史也不甚明晰，我们只能从仅见的资料中理出一些发展的脉络。

1. 传承历史不同

由前文所知，在清宫大臣武默纳奉旨寻圣探山后，康熙帝遂将长白山敕封为"长白山神"。尔后，发现松花石这种砚材，即命内务府砚工雕琢、试墨，认为"远胜绿端，即旧坑诸名产亦弗能出其右"，并钦点为宫廷御砚，在武英殿造办处专门设置了松花砚作，成立了专司衙门从事松花石采石、运输及保管，开始了松花石砚的制作。新砚制成后，康熙亲笔题写了《松花石制砚说》，给予松花石砚前所未有的赞誉，甚至还对每方松花砚都御题砚铭。他谓松花砚："寿古而质润，色绿而声清。起墨益毫，故其宝也。"除了皇帝御用和供奉列祖列宗之外，松花石砚还成为奖赏重臣、激励皇子的圣器，以此作为他文治的象征。从传承历史这一方面讲，松花砚从其诞生之时就受到了清代上层社会的高度重视，不仅从选料方面进行控制，还召集国内高手在制作上极工尽巧地进行雕琢，成砚后还赋诗题名，赠予名臣，扩大影响，形成了从古以来砚界从未有过的如此"高大上"的品牌推广手段，为今日松花砚的重兴奠定了坚实丰厚的基础。

与之不同的是，辽砚尽管出生早于松花砚，但在其面世不久之后的清代，就受到了来自清宫内松花砚强大攻势的影响和冲击。尤其在清代早中期，松花砚强劲的发展势头几乎彻底湮没了辽砚的生产和社会影响，使这一同宗血脉的辽东名砚从此不得不隐身于民间砚林。辽东地理位置特殊，矿产丰富，但清政府的软弱无能，致使该地区在清末和民国时期长期受到日本的殖民统治。在这一时期，辽东地区大批的林木和矿产资源遭到无尽的侵占和掠夺，大批的矿产林木资源沿着"安奉铁路"运往日本，强盛的矿产经济使当地

康熙像

康熙本名爱新觉罗·玄烨（1662—1722），清朝第四位皇帝。他8岁登基，14岁亲政，少年时就挫败了权臣鳌拜，成年后先后取得了对三藩、明郑、准噶尔的战争胜利，驱逐沙俄侵略军，以条约的形式确保清朝对黑龙江流域的领土控制，以"多伦会盟"取代战争，怀柔蒙古各部。在位61年，庙号圣祖，葬于景陵。是中国历史上在位时间最长的皇帝。

康熙帝是中国统一的多民族国家的捍卫者，奠定了清朝兴盛的根基，开创出康乾盛世的局面。

"双龙戏珠"多功能随形砚

民国 长32.2厘米 宽19.2厘米 高3厘米 张伟藏 引自《关东辽砚古今谱》

此砚由一块质坚而润，呈自然形态之石雕成，石色青紫纯正，乃砚石中上乘之料。

该砚盖背阴刻有"安奉线桥头街""永胜和豆腐屋"字样。安奉线是日本侵华时期修建的安庆至奉天的铁路线的简称。本溪是安奉线上的重要站点之一。

松花石龙凤砚

清雍正 砚长13.5厘米 宽9.2厘米 高1.5厘米 盒长14.4厘米 宽10.2厘米 高2.7厘米 现藏于台北"故宫博物院" 引自《品埒端歙——松花石砚特展》

的社会经济获得了前所未有的发展。在这一历史背景下，文化的交流和交融成为一种必然。辽砚也必然受到日人东洋文化的影响，在此期间发展出一体多功能套砚的整体造型风格，并对后世产生了一定的影响。

2. 造型风格不同

国内各大故宫所藏的松花砚应为我国目前所见最多的清宫御制松花砚遗存。从馆藏的遗存我们得知，松花砚从结构上大多为分体式，即一方砚除了砚体之外，还包括分体式的砚盒或砚盖，不仅砚可以单独使用，还可以通过与砚盒或砚盖各部分之间的拆分组装，形成一个整体。松花砚诗文装饰手法多以石材本身色泽进行俏色雕琢而成，或者利用其他材质如鱼类生物化石、蚌壳进行装饰。砚身、砚盒表面的纹饰则多仿自商周时期青铜器的纹饰，还有大量的写实的动植物造型和诗文书法，古意焕然，成为清代御制松花砚的典型风格。

与松花砚相比，目前已知的与辽砚相关的文字资料就很少，而实物遗存不论是出土物还是馆藏器就显得更加少得可怜，尽管如此，对辽砚的造型风格，姜峰先生在《古今谱》中也做出了结论。他这样说："辽砚艺术风格独具，是中原文化与游牧文化融合的结晶。器形多样，其中多功能组合砚、多功能砚和托盘式多功能砚为中华砚林之独有。"他指出："有人说，这种形制的砚是受日本砚影响而制，此说大谬！应该说是中国辽砚的这种器型，影响了日本、韩国的制砚。"为此，他列举了我国当代古砚收藏家阎家宪先生的藏砚"北魏方形粉砂质泥灰岩石砚"和"辽代灰色石料组合砚"二例予以佐证说明，似乎不无道理。但本书认为，当一种造型艺术在某个历史阶段有所表现，却没有长时间对整个行业产生影响时，这种造型艺术只能称为一种现象，而不是风格，尤其又在数百年的历史跨度间去探讨这一问题。

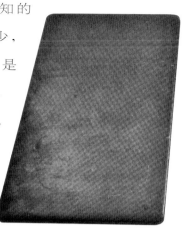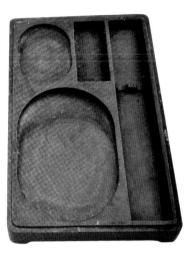

多功能紫石砚

民国　长24厘米　宽15.1厘米　高3.2厘米　宋春海藏　引自《关东辽砚古今谱》

此砚为桥头紫石雕刻而成，色彩纯净，石质温润，制作严谨，素面无纹，观之古朴大气。砚为长方形，一整块紫石雕制成砚与盖。砚周微陷形成台座，并与砚盖形成子母口相合。砚之功能设有椭圆形砚堂与墨池，还有墨床、笔床、水注，方便携带使用，较有特色。

（四）对后世影响不同

严格地说，当代对松花砚和辽砚的认识当始于《品埒端歙——松花石砚特展》一书的出版。该书由台北"故宫博物院"于1993年

松花石鱼式砚

清康熙　砚长15.8厘米　宽5.4厘米　高0.8厘米　盒长17.4厘米　宽6.7厘米　高3.7厘米　现藏于台北"故宫博物院"　引自《品埒端歙——松花石砚特展》

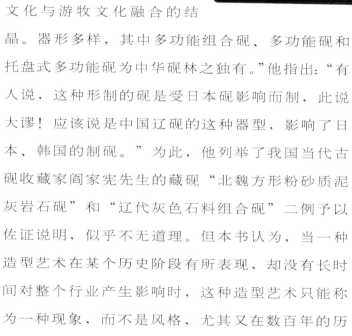

松花石嵌鱼化石双凤砚

清康熙　砚长15.1厘米　宽9.9厘米　盒长16.4厘米　宽11.2厘米　高3.2厘米　现藏于台北"故宫博物院"　引自《品埒端歙——松花石砚特展》

仿"清宫御制"之"山水纹"砚

当代　桥头水岩、青云石、木纹石　长11.9厘米　宽9.9厘米　高2.8厘米　紫霞堂监制

9月出版发行，全书分三个部分，其一为开篇的《品埒端歙——松花石砚研究》一文，由台湾学者嵇若昕撰写。文中讲了"松花石的定名、产地与石质""松花石砚的品第""松花石砚发展史""故宫所藏松花石砚与盒""结论"等5个部分，可谓首次对松花砚进行了较为详细的考证分析和总结。第二部分为台北"故宫博物院"所藏的89方松花砚和2件插屏的不同角度的摄影图片。第三部分为这些松花砚的信息、拓片和赏析文字。全书以台北"博物馆故宫"馆藏的松花砚为主，佐以详细论证，堪称松花砚展示级别最高、数量最为集中的一次。据文中考证，松花砚不同于任何一种名砚，是一种完全由帝王倡制、皇室垄断制作的一个特殊砚种，具有严格的制式和高超的雕琢技艺，一经面世便赢得了常人难以一亲芳泽的尊贵身份，同时也被披上了神秘的面纱。在清康熙以后，历代帝王常以松花砚为驾驭笼

络朝中重臣和封疆大吏的恩物，臣下蒙赐御制松花砚后多感激涕下，认为是家族之无上荣耀，足以作为传家之宝。这种自上而下的推广与宣传，使得民间的辽砚或者其他砚种，在对后世的影响力上无法与松花砚相提并论。

而在该书出版发行之时，又恰逢我国由计划经济向市场经济转型之交，百废待兴之际，尽管该书的印数较少，价格较高，但还是受到了砚文化爱好者的追捧。尤其在该书积极宣传松花砚的同时，书中所刊的文章和 89 方松花砚所用的砚材也在我国民间引起了广泛的关注甚至争议。最为典型的如经营"紫霞堂"的冯军先生就是在受此书的影响后，遂被书中精美的松花砚所打动，从最初经营辽砚转向经营松花砚，并于 2012 年成功恢复了"清宫御砚 100 珍"，在第 8 届中国（深圳）国际文化产业博览交易会上荣获"中国工艺美术创新特别金奖"，登上了中国工艺美术的最高峰。冯军从此也成为复兴松花砚的第一人，成为松花砚的代言人而备受瞩目。但与此同时，冯军在经营上的变化也再次将辽砚引入争议。

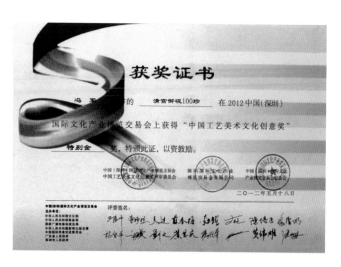

"清宫御砚 100 珍"获奖证书

2012 年 5 月 18 日，在 2012 年中国（深圳）国际文化产业博览交易会上，冯军创作的"清宫御砚 100 珍"获得"中国工艺美术文化创意奖"特别金奖。

"清宫御砚 100 珍"是冯军依据乾隆钦定的《西清砚谱》、台北"故宫博物院"出版的《品埒端歙——松花石砚特展》一书中图谱仿制而成，一经展出，引起巨大轰动。

仿清宫"鲲鹏"砚

当代　桥头水岩、青云石、木纹石　长 18.5 厘米　宽 12.6 厘米　高 5.1 厘米　紫霞堂监制

仿"清宫御砚"之"山水人物"砚

当代 桥头水岩、青云石、木纹石 长 17.7厘米 宽12.6厘米 高2.9厘米 紫霞堂监制

黄松花嵌鱼化石"寿有余"砚

当代 黄松花、紫云石、鱼化石、绿刷丝 长13.8厘米 宽10.5厘米 高3.2厘米 顾福刚设计 赵革制

砚式参考了清宫松花砚砚式，砚盒采用黄松花镶嵌紫云石嵌片，利用俏色雕刻寿字纹饰，并参照清宫松花砚砚式镶嵌狼鳍鱼化石，整砚做工严谨，雕琢精细，藏用皆宜。

此后，随着市场经济的持续发展和砚文化的逐渐普及，出身尊贵的松花砚在市场经济的大潮中赢得了广泛的市场，成为新时代继传统"四大名砚"之后的又一个市场宠儿。

（五）共兴于松辽大地

2000年以后，由于市场经济已趋成熟，加上国家积极的财政政策，启动消费市场、扩大内需的政策效果继续显现，国内市场的需求依然较大，我国经济处于一种明显上升的良好势头。同时，随着砚文化的日趋普及，砚台的商品属性和文化属性已为广大百姓所接受。在这种背景下，出身尊贵且饱含传统砚文化的松花砚和砚材同出一脉、特色不甚鲜明的辽砚在市场经济的大潮中接受了不同消费者的检阅，表现出了迥异的市场热度。

好在传统文化本身的魅力是无穷的。目前，随着砚台消费市场的火热，辽宁和吉林两省都明显意识到了这一点，并根据各自的情况大力发展传统文化产业，推进砚文化在当地的融合和创新，再次激发了砚台的生产力，从而又使两省砚文化产业都跨入了黄金鼎盛期，呈现出了共兴于松辽大地的良好局面。

第二章

辽砚发展历史沿革

仿清宫"松花石荷塘"砚

当代 紫云石、木纹石 长12厘米 宽
8.3厘米 高2.2厘米 紫霞堂监制

世间万物都有新生、成长和衰亡的过程，同时也会因自身和外部环境的影响而产生新的变化，以适应环境方可生存、发展，这是个不断进化的过程。砚亦如此。尽管辽砚发展的历史资料极为匮乏，但我们仍可从浩如烟海的历史遗迹中拾得些许蚌珠，集串成链，供大家参考使用。

一、明代有遗存做证

辽砚始产于明代，在姜峰先生所著的《古今谱》中已有结论，其中主要有三部分内容。其一，对明代官员王绂所藏之砚进行分析得出论证；其二以朝鲜官员诗文为佐证；其三为沈阳故宫博物院所藏的一方明弘治款的龙纹砚实物遗存；其四列举了辽砚生产的必要条件。本书支持这一观点。除此之外，《中国辽砚》的作者王震先生也认定辽砚始产于清代以前。为厘清辽砚传承脉络，此处再次进行简单叙述。

（一）关于王绂藏砚

有资料显示，清初孔尚任著《享金簿》中记："慈仁寺廊下购得绿端砚，式甚古雅，质尤细腻，镌'绿玉馆家珍'又刻'孟端氏'，盖九龙山人王绂物也。宋时为'玉堂新样'。王介甫诗云：'玉堂新制世争传，称以蛮溪绿石镌'，或即此耳。"

（注一：王绂，明代画家，字孟端，号友石，无锡人。永乐初供事文渊阁，官中书舍人。后归江南，居九龙山，遂自号"九龙山人。注二：孔尚任，清代戏曲作家，字聘之、季重，号东塘、岸塘、云亭山人。山东曲阜人，孔子第六十四代孙。康熙南巡至曲阜时，被召讲经，破格授国子监博士，累迁户部主事、员外郎等职。康熙三十八年（1699年）完成《桃花扇》的写作，不久罢官回乡。注三：王介甫即王安石，北宋人，官至宰相。字介甫，晚号半山，江西人。）嵇若昕在《品埒端歙——松花石砚特展》一文中则言："清初孔尚任曾购得一方绿色砚，先以为是绿端，而且是明朝九龙山人王绂的遗物，经名砚工金殿扬审定后，认为是松花石砚。金殿扬当供奉朝廷，'制松花石砚甚多'，其眼力应值得信赖，但是否为王绂遗物，因未见实物，仍有商榷余地。"据此，姜峰先生认为，如果金殿扬的眼力判断无误，孔尚任得王绂旧物是松花石砚，那么这方貌似绿端的松花石砚一定出自时辽阳境内的桥头，其依据是：吉林产通体带深浅不同之横纹的绿松花

孔尚任像及《桃花扇》剧照

孔尚任（1648—1718），字季重，又字聘之，号东塘，别号岸堂，自称云亭山人，山东曲阜人，是孔子的六十四代孙。康熙二十三年（1684年），康熙帝南巡时因荐举而成国子监博士。康熙二十四年（1685），孔尚任到京任职。同年随工部侍郎孙在丰赴扬州参加疏浚黄河海口的工程，并在扬州结识了一些明朝遗老，了解了南明弘光朝廷覆灭的历史，为日后写作《桃花扇》积累了大量材料。康熙三十八年，其代表作《桃花扇》问世。康熙三十九年升任户部员外郎，不久罢官。康熙四十一年冬由北京返乡，后病逝于曲阜。

《桃花扇》通过侯方域和秦淮名妓李香君的爱情故事，反映了南明弘光政权从建立到覆亡的历史。后来被改编为话剧、电影以及京剧、桂剧、越剧、扬剧、评剧等。

石是随清军入关而带入北京的，用其制砚是康熙二十八年至三十九年间。明永乐朝在北京皇宫文渊阁任中书舍人的王绂，无条件也无可能得到荒烟蔓草之中的砥石——吉林绿松花石制砚，但他极有可能得到辽阳境内桥头镇所制的青云石砚。因为辽阳地域内自古物产丰富，《辽史·耶律羽之传》记载：梁水（梁水乃太子河古称）之地，地衍土沃，有木铁盐鱼之利。由于此域重要，故明朝开国后，在辽阳设立辽东都指挥使司。明永乐九年在本溪威宁营设三万卫铁场为明朝冶铁基地之一。辽阳往来于朝廷的官员中应不乏与王绂的结交者，以辽阳地之方物赠友应是寻常之举。再者，辽阳区域内桥头所制青云石砚，其石多有发绿者，极似绿端，故被孔尚任误认为是绿端并不为奇，时至如今，有些没有见过青云石的人仍将其认作绿端。

仿清宫"松花石葫芦"砚

当代 绿刷丝 长20.6厘米 宽18厘米
高3.8厘米 紫云堂监制

李滉先生文集

朝鲜抄本《退溪先生文集抄》之《近圣学十图札》。

（二）朝鲜官员诗文加以佐证

明弘治时期，朝鲜官员李滉在其《退溪先生文集抄外集卷一》中记载道："青石砚从辽地产青石岭，在辽东，一洞皆青石，取以作砚，青润甚佳。"还有明嘉靖年间，朝鲜官员尹根寿的一首诗，题为《青石岭

新出砚石》："漫山山骨色浑青，玉质真同歙砚形。巧琢凭谁作新样，晴窗端合注玄经。"（注：王安石诗文）

以上朝鲜官员在辽阳境内对青紫云石制砚的亲见记述，虽未涉永乐朝，但足以证明在明弘治朝前，辽阳境内已经存在用青紫云石制砚的事实。

两位古朝鲜官员所记青石岭，坐落在古辽阳城东南八十里（注：见《辽阳志》）甜水驿站域内，此岭出产青紫云石。古朝鲜官员曾记："万历二十三年（1595年）之未六月十六日，到连山把截关（注：今日之辽宁省本溪满族自治县连山关镇），有古烟台。自襞洞瑜高岭，至甜水站城内中上。登青石岭，青紫砚石乱铺，人马难行，至狼子山宿。"（注一：见古朝鲜闵仁伯《苔泉集·卷三·朝天录》。注二：狼子山，今日辽阳境内子浪子山，明代辽阳域区驿站）至今登岭依然可见古时朝鲜使臣们描绘出的情景。

古朝鲜官员记述青石岭出青、紫云石，并认为辽阳境内青紫石砚均出于此，这些与本溪桥头制砚有什么关系呢？我们认为，时朝鲜官员只见青石岭出青、紫砚石和在辽阳境内见过青紫云石成砚，但并不知制地在何处，也不知除青石岭外，平顶山、骆

韩元上的李滉像

李滉（1501—1570），字景浩，号退溪、陶翁。真宝人。朝鲜王朝庆尚道安东府礼安县温溪（今庆尚北道安东市）人。朝鲜李朝唯心主义哲学家，朝鲜朱子理学的主要代表人物。历任礼艺文馆检阅、丹阳郡守、大司成、大提学等官职。晚年在退溪建立书院，发展了朱熹的理学并创立退溪学派，被公认为朝鲜儒学泰斗。著有《退溪集》（68卷）、《朱子书节要》、《启蒙传疑》、《心经释录》、《四端七情论》等。

韩国政府为了纪念这位思想家，便将李退溪头像印在第三版的1000元韩元上。许多研究机构和大学的系别也都以"退溪"命名，比如首尔的退溪学研究院，庆北大学的退溪研究院，檀国大学的退溪研究院和图书馆等。

渭原端溪石砚

相当于民国后期制砚，砚背浅刻有"渭原端溪石砚"字样，是朝鲜渭原郡出产的一种石砚，其在材质、颜色、硬度等方面均与辽砚相同。

"双龙浴海"砚

明代 长36.5厘米 宽25厘米 高6.3厘米 引自《关东辽砚古今谱》

砚背覆手刻有一官员观书坐像及"万历年制"方形宽边篆书印。

白永贞像

白永贞（1867—1944），字佩珩，满洲镶白旗人。张作霖掌控东北时，被荐为大帅府专馆塾师，教授张学良。1927年任奉天省省长，先后任省议会议长、资政院议员、省通志馆馆长，其间总纂并出版了《辽阳县志》。著有《丹桂轩诗钞》《阅微草堂评语》等著作。

驼洞、金坑也有青紫云石，故认为，辽阳境之青紫石砚其石皆出自青石岭。

（三）沈阳故宫博物院藏砚

姜峰先生在《古今谱》一书中曾提到了藏于沈阳故宫博物院的两方砚。他说："在沈阳故宫博物院，我们看到了一方明弘治款的龙纹青石砚和一方清雍正年间高凤翰款的青云石砚，尽管沈阳故宫博物院有的专家对明弘治款砚纹饰风格存疑，但它却引起了我对台北'故宫博物院'嵇若昕先生《品埒端歙——松花砚研究》一文中有两段记述的重新关注。"请注意，这是一方明代弘治款的龙纹青石砚，而在图版中，姜峰先生展示的第一方砚是覆手内镌刻有"万历年制"款的明代"双龙浴海"砚。对此，不知是姜峰先生一时疏忽所致，还是沈阳故宫博物院本身就藏有两方明代的辽砚，我们不得而知，但这至少已说明辽砚在明代就有生产是毫无疑问的。

（四）本溪具备必要的生产和销售条件

姜峰先生在书中说道："明代永乐九年，辽东都指挥使司在今本溪市之威宁营设三万卫铁场，赴辽阳之官家、军汉、商贾、文人、百姓过往驻足桥头者络绎不绝，在客观上催生了桥头地区的制砚业，同时，桥头青紫云石及装饰石料加工历史悠久，石雕艺人汇集于此，形成了一支石雕专业队伍。"这说明在明代，本溪除了具备生产辽砚的优质砚石——青云石和紫云石之外，还具备了必要的石雕生产的技术条件和消费市场。

最终，姜峰先生在其编著的《古今谱》中将辽砚的初制年代认定为明朝的永乐年间。

（五）资料证明辽砚始产于清代以前

有资料显示，《中国辽砚》的作者王震曾在考证辽砚史料的过程中这样写道：《奉天通志》虽始修于1927年，但其原始史料均取之于前朝，可追溯至清乾隆、明、元代。《奉天通志》卷九十九礼俗志三器用篇载："砚，盛京通志：本地石可为砚者，出平顶山及骆驼洞，然质滑。瓦可为砚者，出北镇庙，然性坚难磨。得辽阳东上石桥金星砺石，方可成器。"《奉天通志》卷一百二十物产志图矿物篇石属载："紫石，产车夫屯之南山，李千户屯之北山，可制砚，销路甚广（铁岭志）。城东金坑青石、紫石可为砚（辽阳志）。""《全辽志》卷一　山川志载：'辽阳，平顶山，城东一百里，山周三十里，其顶平广可耕稼。'遍查当时辽阳地图卷，城东一百里平顶山即为现本溪境内之平顶山。《辽阳县志》卷三十物产志载："……城东一百里金坑出青石、紫石水成岩可为砚。"这里所称的城东一百里金坑亦是在现本溪境内。上述史料证明，在清之前，辽宁的本溪、铁岭、辽

《奉天通志》

最早的《奉天通志》始修于1927年，前后参与编纂工作的有80余人，其中担任总纂的7人，纂修17人，分纂10人。最后的审定和刊印工作由著名学者金毓绂、吴廷燮和张学良恩师、辽海文坛巨匠白永贞等人共同完成。其内容涵盖了上起周秦，下至清末的有关辽东文献资料，所集文献多为孤本、善本，其文献价值重要，是研究辽东地区的重要文史资料。1935年《奉天通志》编竣，成书后共刊印了260卷10函100册。

今见《奉天通志》是在原书基础上成比例扫描缩印制版，缩印后分上下两栏排版。为方便读者查阅，今志在原书的基础上编排了目录和索引。索引包括《人名音序索引》和《地名音序索引》。今志既增补了清乾隆朝以前的遗漏，又续修了《盛京通志》后150多年的省情。作为辽宁省大型地方志书的《奉天通志》，广搜兼备，比较系统、详细地记载了本省的历史沿革、山川地貌、政治、经济、军事、文化和社会各方面的丰富资料，内容和水准远远超越了前志，体例更加完善，取材更加丰富。

2010年12月1日，它由辽宁民族出版社出版，共16册，定价3500元。

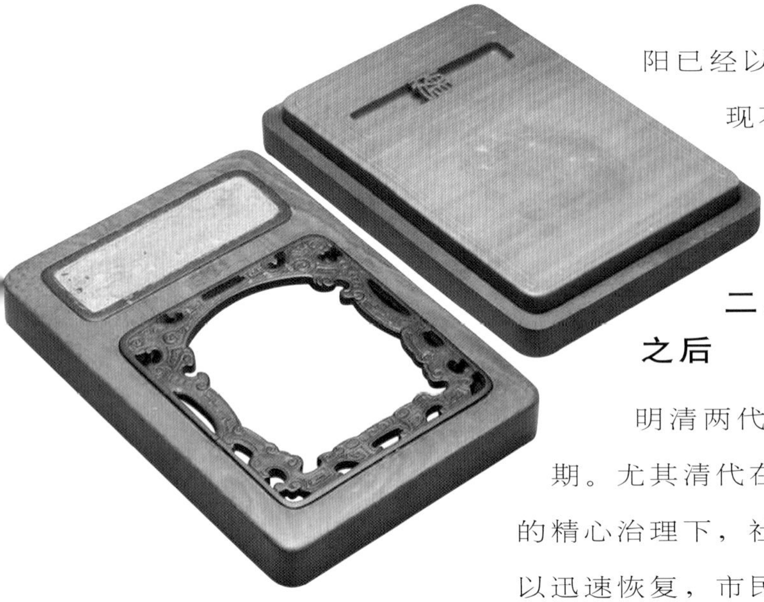

松花石嵌鱼化石容德砚

清康熙 砚长14.8厘米 宽10厘米 高
1.3厘米 盒长16.1厘米 宽11.2厘米 高
3.4厘米 现藏于台北"故宫博物院"

阳已经以石制砚，由此可见，康熙的发现不足为怪。

这也为辽砚始产于明代提供了一些史料依据。

二、清代早中期名淹松花砚之后

明清两代是我国封建社会发展的重要时期。尤其清代在康、雍、乾三代帝王勤政为民的精心治理下，社会秩序持续稳定，农业生产得以迅速恢复，市民阶层扩大，手工业和商业发展很快，陶瓷、织染、金属加工、家具、漆器、玉器等工艺美术以及建筑均集历史之大成，呈现出我国古代城市经济的高度繁荣。

在清代，砚台制造业也迅速恢复，其材质更丰富，造型更多样，砚的功能也不仅讲究实用性，开始更加注重观赏性。这一点在宫廷"御砚"松花砚上就得到了最为鲜明的验证。

（一）清代松花砚生产概况

清宫所制的松花石砚又称松花砚，始产于清代康熙年间。嵇若昕先生在《品埒端歙——松花石砚特展》一书中说道："康熙朝六十一中，前四十年未见清人提及松花砚，而且前廿八年可确知未将松花石提

升做砚材。松花石第一次被清圣祖命工匠琢制成砚之时间，可能在康熙廿八年至四十一年间，即公元1689年至1702年间，为康熙朝中期偏后的十多年内。总之，至迟在康熙四十一年十至十一月间，宫中开始琢制松花石砚。"关于松花砚的琢制，她在《品埒端歙——松花石砚特展》中指出："此时，宫中砚作尚设在外朝武英殿造办处，故而初期松花石砚由武英殿造办处中砚工承旨琢制。康熙四十二年（公元1704年）起，皇帝以御制松花石砚赏赐群臣的情形日益增多，松花石砚的需求量与日俱增，也许为了便于督导，并能拨付更多经费支应，遂于康熙四十四年（公元1706年）将武英殿造办处砚作改归养心殿造办处，该作监造二人也改隶于此。"这说明松花石从一经发现到琢制成砚都始终深受清代最高统治者的关注，还在康、雍、乾三个清代最为鼎盛的朝代中，在清宫造办处这样最高级别加工和生产机构的督导之下琢制成砚，以充馆阁之用、赏赐群臣，并一直持续到道光帝之前。也就是说自公元1689年至

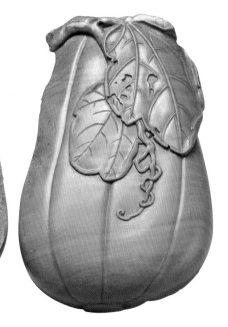

松花石甘瓜石函砚

清康熙　砚长14.6厘米　宽9厘米　高2.4厘米　盒长14.5厘米　宽9厘米　高2.4厘米　现藏于台北"故宫博物院"

故宫与造办处

故宫原为明清两代的皇宫。清代造办处深居其内。

清代造办处设有两处，一个是专供宫中用度的"养心殿造办处"，另一个是设于内务府北侧的"内务府造办处"。养心殿造办处集中了国家最优秀的艺术和技术人员，这里的工匠的作品代表了当时中国工艺技术的最高水平，无数国宝级的工艺品都出自他们之手。内务府造办处位于内务府北侧，据记载，造办处在鼎盛时，下设42个作坊，每个作坊都荟萃全国各地的能工巧匠。这些能工巧匠囊括了朝廷日常生活中的各个方面，从吃的、穿的到用的，甚至于休闲和摆设的，应有尽有。

1821 年近百余年的时间里，松花砚在清代历朝皇帝的重视和推崇之下，盛名已高过端歙等历史名砚。

松花石竹节砚

清雍正 盒长 12.1 厘米 宽 8.5 厘米 高 1.7 厘米 砚长 11.4 厘米 宽 7.8 厘米 高 0.9 厘米 现藏于台北"故宫博物院"

（二）清代松花砚的艺术特点

与辽砚同出一脉的松花砚尽管在材质方面有一定的统一性和相近处，但其在造型结构、加工制作和纹样装饰等方面均表现出了与辽砚迥然不同的艺术影响力。就《品埒端歙——松花石砚特展》一书所展示的 89 方砚来看，这些砚基本上形体都较小，造型以长方形为主，仿生形为辅，大多配有砚盒，砚盒、砚体多饰以仿古纹样，有的还施以俏色、镶嵌等工艺。尤其是砚盒和砚面镌雕的各种仿自商周秦汉时期的青铜器和玉器纹饰，与写实的浅浮雕的动植物纹饰有机地融合在一起，相辅相成，古香古色，并经过严格的加工制作，表现出一种庄重大气而又富丽堂皇的、独具清宫御制特色的"官作"砚雕艺术风格，在清代各种制砚流派中独树一帜。这不仅是辽砚所无法比拟的，同样也是其他民间制砚工艺难以

松花石兽面纹砚

清雍正 盒长 13.7 厘米 宽 9.3 厘米 高 2.1 厘米 砚长 12.5 厘米 宽 7.9 厘米 高 1.7 厘米 现藏于台北"故宫博物院"

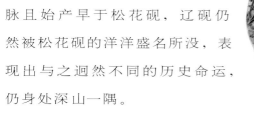

企及的。

就这样，在相同的历史时空中，在不同的社会背景下，在不同宣传推广中，尽管与松花砚同出一脉且始产早于松花砚，辽砚仍然被松花砚的洋洋盛名所没，表现出与之迥然不同的历史命运，仍身处深山一隅。

三、清末及民国时期

因本溪独特的地理位置和特殊的地质环境，清末时的本溪在日俄两国的资源争夺战中产生了全新的变化。

（一）清末及民国早期

中日甲午战争，清廷全面战败，随即日本政府开始密谋夺取沙俄在辽东半岛及整个东北的利益。1904 年 2 月，日俄战争正式打响。为加快从朝鲜向辽东运送战争物资，1904 年，日军开始正式修建从安东（今丹东）经凤凰城、下马塘、本溪至奉天（今沈阳）的"安奉铁路"——前文已做备述。因本溪地下矿产丰富，以产优质焦煤、低磷铁、特种钢而著称，加之植被丰富，交通位置特殊，故其一直成为日俄两国觊觎的重点目标。日俄战争结束以后，日本加紧了对辽东地区的经济入侵，日本帝国主义在本溪地区活动频繁，强行开采

松花石蟠螭砚

清乾隆　砚连座长 18.2 厘米　连座宽 12.3 厘米　连座高 4.8 厘米　盖长 18.4 厘米　宽 12.5 厘米　高 4.1 厘米　现藏于台北"故宫博物院"

"圭璋"形桥头石砚

清代　桥头石　长 19 厘米　宽 11 厘米　砚呈圭璋形，以辽宁本溪桥头镇所产砚材琢制而成。其石色褐红，石质细润，圭形砚身，圆形砚堂，取材上乘，取意高雅，雕琢精良。

本溪南芬庙儿沟铁山及选矿厂全景

本溪石灰矿生产出入口

日伪时期的本溪湖市全景

1937年（民国二十六年），日伪政权实行街制，在本溪县公署所在地本溪湖设立本溪湖街。日本政府以撤销"治外法权"的名义，将满铁附属地交还日本帝国主义控制下的伪满政权，原满铁附属地本溪湖火车站、顺山、河沿一带并入本溪湖街。1939年（民国二十八年）伪满政权将本溪湖街、宫原一带从本溪县划出，设置本溪湖市，隶属于奉天省。

煤炭资源。据《本溪煤矿沿革》载："日俄战争时，本溪湖曾划入战线之内，日人筑安奉线军用铁道，并将本溪湖煤矿占据开采。"1905年12月15日，总长303.7公里的铁路全线贯通。与此同时，日本还围绕安奉铁路大力修建遍及东北的支线铁路，掠夺东北丰富的矿产、农业和森林资源。

1905年，日本人大仓喜八郎又在"窑街"一带建立了"本溪湖大仓煤矿"。本溪湖是本溪煤铁公司所在地，在其煤铁工业发展的过程中，由于采煤工人的增加，加之外地从业人员愈来愈多，街市人口倍增，促进了本溪商业和手工业的迅速发展，从而带动了以本溪湖为中心的周边经济的发展。1907年，南满洲铁道株式会社（简称满铁）本溪湖地方事务所成立，强行将本溪境内歪头山、本溪湖、桥头、连山关等安奉铁路沿途车站及附属区域划为满铁附属地，亦称为"洋街"，非法行使行政权。日本商人在"洋街"开设商埠，垄断了本溪大部分生活必需品、金属制品的经营业务。西边从牛录堡起，东至碱厂堡、清河城，太子河沿岸商店、烧锅、杂货铺林立，赌场、妓院、大烟馆等也相继出现。县政府的大

小官员和本溪湖煤铁公司的高级职员构成本溪湖的上层统治人员，戏院、茶馆、酒楼成为他们腐朽生活的场所。原来人数不多的本溪湖地区逐渐成了工业生产型的人口集居地。

在日本疯狂掠夺资源的同时，大量的人力资源也集中至此。他们在桥头镇建公路、筑厂矿、修街道、建房屋，开设学校和幼儿园，将日本的生活方式、文化和习俗带到了当地。如今，本溪还保留有许多日本当时的建筑物和建筑遗迹。日本在本溪的生产和生活离不了书写工具。桥头砚石资源同样得到重视。这一时期，日本人对桥头地区的砚石资源同样进行了掠夺性的开采，将大部分砚石加工成具有日本传统砚箱式结构的砚，并命名为"安奉石砚"或"桥头砚"，销往日本本土和菲律宾、新加坡、马来西亚等东南亚国家。据当地的一些老人回忆说，在这一时期，日本人不仅疯狂掠夺砚石资源，还将一时难以加工成器的青紫云石包装运回日本本土，就连拳头大的边角余料也都要装在麻袋里运走。这种贪婪的盗贼式的掠夺严重地破坏了桥头石的砚石资源。故而此时，辽砚又在这一特殊的时期集中出现。

台湾学者嵇若昕先生的著作《品埒端歙——松花石砚特展》记载："清末民初，被称为'辽砚'的桥头石砚行销相当广，曾远销菲律宾、新加坡、马来西亚、日本诸国。"

正是在这样的特殊历史背景

日伪时期的本溪湖煤铁公司熔矿炉

本溪湖煤铁公司创建于1905年12月，是日本帝国主义侵入东北后所建立的第一个大型的工矿企业。1906年1月，大仓煤矿举行开井仪式，时有中国工人110人，日本工人30余人，当年采煤300吨。从建矿起至1911年中日正式合办止，大仓财阀非法侵占本溪湖煤矿达15年之久，至1910年，年产量达5.8万吨。5年掠夺开采煤炭累计达12.13万吨。1914年，本溪湖商办煤铁有限公司1号高炉竣工，炉容291立方米，生产能力日产铁130吨。1917年12月2号高炉点火，其容积为301立方米，日产铁130吨。直至1945年，日本帝国主义把持控制本溪湖煤铁公司共40年。

"本溪湖煤铁公司"纪念砚

民国　桥头紫云石　尺寸不详

椭圆形，淌池。砚背刻："皇纪二千六百年（1940年），苍原熔铁炉火纪念，本溪湖煤铁公司。"引自《关东辽砚古今谱》。

"安奉线"站点

　　1945年（日本昭和二十年），伪满洲国出版的铁道线路图之"安奉线"段。

　　图中，本溪（本溪湖）处于"人"字形交叉位置，地理位置十分特殊。

本溪太子河大桥

　　该桥建成于1911年，全长552.15米，宽4米，高22.16米，桥面两侧各设有1米宽的人行道。全桥共20孔，第1孔和第12—20孔为19.08米长的上承铆接钢板梁，第2—11孔为33.12米长的下承铆接桁架梁。下部结构为U型重力式，桥墩为元端型，墩台为白灰砂浆块石砌筑。

下，辽砚的生产再次恢复，并达到了一定的规模。这是我们至今能在民间见到这一时期辽砚较多的原因，也是姜峰先生《古今谱》中可以刊收许多日伪时期辽砚的客观条件。

（二）民国中期

　　民国中期，本溪仍处于日本人的实际控制之中。在前期日本人的开发掠夺下，许多日本工矿业相继在本溪站稳了脚跟，本溪地区普遍的经济开发继续向本溪湖集中。本溪湖地区人口密集，商店林立，交通方便，已经成为本溪地区的经济、政治、文化中心，具备了城市的条件。1911年11月1日，一条从奉天（今沈阳）经安东（今丹东）再由安东（今丹东）到朝鲜半岛釜山车站经水路到日本本土的，以掠夺我国东北资源为目的的运输线全线贯通。本溪桥头站地处安奉铁路上的关键环节，也成为日本掠夺本溪乃至整个东北地区矿产和物资的重要驿站。据满铁资料记载，在1918年，由安东铁路经朝鲜半岛向日本运输的物资就有大米4344吨，木材522480吨，豆油47276吨，石油1611吨，金属制品855吨，等等，安奉线成为日本侵略、掠夺东北三省资源的一条重要运输线。1931年9月18日，日本关东军阴谋发动了"九一八事变"，安奉线又被关东军征为日本侵略中国的一条重要军用物资及战时兵源运输线。

　　1929年6月6日，浙江省政府举办西湖博览会。在东北易帜不久的张学良积极响应了国民政府的倡议，征集辽东名产参加了这次浙江省政府举办的杭州西湖博览会。此次博览会以"提倡

国货，奖励实业，振兴文化"为参会宗旨，
鼓励国内各地名优产品积极参展。在这
次博览会上，参展的各地名优产品总
数达 14.76 万件，共设 4 个奖项，即特
等奖、优质奖、一等奖、二等奖。这是有
史可查的本溪桥头石制砚第一次展示于江南，展
示于国人面前。在此次博览会上有 3082 件展品
获奖，其中本溪湖万泰厚商号选送的石砚（紫云
线石）获一等奖。此次博览会前后历时 127 天，
有 10 多万人前去观展，可谓盛况空前，影响巨大。

　　此次辽砚的参展可谓意义重大。首先是在张
学良将军的影响下，辽砚得以走出深山，走向江
南，向世人展示了其独特的魅力；其次，辽砚在
这次博览会上正式以"辽砚"之名出现，一"名"
惊人，从此迎来了历史发展上的第一次飞跃。张
学良将军的恩师辽东名士白永贞还赋诗赞曰："关

首届西湖博览会会徽和纪念章

张学良将军像及首届西湖博览会大门

　　1929 年 6 月 6 日，西湖博览会举行了盛
大的开幕仪式。参加典礼的有国民政府代表
孔祥熙、国民党中央党部代表朱家骅、行政
院代表蒋梦麟、监察院院长蔡元培、浙江省
主席张静江和来宾共计数百人。

　　整个博览会共设八馆、两所和三个特别
陈列处。合计展出来自全国各省及国外侨商
的物品共 14 万余件。为了鼓励实业，振兴
国产，提高质量，博览会特成立审定委员会，
对展品进行评定，共评出：特等奖 248 个，
优等奖 802 个，一等奖 240 个，二等奖 1600
个，分别给予奖励。

日伪时期的本溪湖市中国街旧照一

东山里奇宝开，蓝天红霞凝石材。能工巧匠雕辽砚，珍品独秀四宝斋。"据当地老艺人讲，在西湖博览会后，20世纪30年代，桥头镇800米长街，商家店铺林立，有石砚与石雕作坊10余家，著名的作坊有孟家、方家、肖家、杨家、袁家等，还有一家日本人开的制砚作坊。桥头制砚最兴盛时，沈阳、长春等大城市都设有专销辽砚的店铺，并远销菲律宾、新加坡、马来西亚、朝鲜、日本诸国。

除此之外，嵇若昕先生在其《品埒端歙——松花石砚特展》一书中也提道："20世纪30年代，

日伪时期的本溪湖市中国街旧照二

辽宁省本溪之桥头镇砚石作坊有孟家、方家、杨家、袁家等十来家。并有一家日本人开设的刻石砚之店铺，以桥头石中之绿色石——青紫云石之青石层仿制古砚出售，获利颇多。"伪满时期，溥仪也仿先祖做法，以桥头石砚赏赐臣属，当时的达官显贵间也曾以桥头石砚作为馈赠之礼。还有资料这样说，辽砚"到日伪时期发展到15家砚台铺，有袁景云砚台铺、杨宝信砚台铺、孟凡家、孟凡忱砚台铺；此外还有日本人桥本、丸子、石井、松龙开的砚台铺，这些商家每年生产砚台约1500方，出口1100多方"，产品供不应求。此时为桥头石"辽砚"的鼎盛期。

日伪时期的本溪湖市永利街

日伪时期生活在本溪湖市的日本人

（三）民国晚期

1939年，伪满洲国在本溪设市，称为"本溪湖市"，市政机构设在本溪湖市区之中。

本溪湖自从设市之后，就呈现出一座城市两重天的街市局面。从小明山沟口至本溪湖火车站以西，本溪湖河北岸，成了日本侵略者的租借地；顺山子、东山、南山、西山为煤铁公司附属地。日本人居住的地方街道整齐，房舍幽静，干净卫生，被称之为"洋街"。中国人居住的地方街道狭小拥挤，房屋破烂不堪，卫生条件极差，空气污浊，灯光昏暗，是谓"中国街"。这一时期日本人在本溪开设的商户达55

"福金岭隧道贯通"纪念砚

民国　桥头青云石　尺寸不详

此砚以"福金铁路隧道"隧道口的形状琢成砚堂，并在右上角刻"满铁"标志，砚背有四个方形矮足，背之中央刻有："福金岭隧道贯通纪念，昭和十六年十月二十二日。"经查，"昭和十六年"为日本纪年方式，即1941年。此砚以此纪年乃因"安奉线"实为日本人所控制。

"结义"款组合砚

民国 青紫云石 长15.5厘米 宽10.1厘米 高3厘米 疑为陈广庆制

盖面刻"效古人之结义"。上款署"炳乾如弟先生雅正",尾署"丙寅年(1926)松月长祥赠"。引自《关东辽砚古今谱》。

多功能组合砚

民国 青紫云石 最长29.8厘米 最宽20.6厘米 疑为陈广庆制

砚盖内刻"岂能尽如人意,但求无愧我心"。上款署"吾友忠尧弟永存",尾署"苏少蚩谨赠于1945年春"。引自《关东辽砚古今谱》。

家,其中本溪湖一地就有34家,中国人开设的110余家商户也主要分布在本溪湖一带。张碗铺、稻香村、福增利、三益合等商号争相出台,土木建筑、商业网点日渐兴起,烘托了街市,繁荣了经济。

较为繁荣的经济环境,为辽砚提供了发展的动力。这一时期,本溪出现了陈广庆等一些知名的制砚名家,为辽砚的传承和延续起到了承上启下的桥梁作用。

姜峰先生在《古今谱》书中有这样的记载:在1924年溥仪被驱出皇宫后,作为宫廷匠人的陈广庆"因知辽东桥头有松花石可制砚(清宫称桥头青、紫云石、木纹石为松花石),与一同乡王河结伴到桥头制砚谋生"。这说明两点:其一,作为宫廷匠人的陈广庆可能在原为宫廷制砚之际,就知道宫廷御砚松花砚的部分材料或出自辽东本溪的桥头,遂循迹而来;其二,说明本溪桥头1924年前后的这一时间段内仍有砚台生产,这一信息被陈广庆通过其他渠道获得,遂探而前往。但不论怎样,从这段文字中我们可知,在民国中晚期,本溪桥头仍有砚台生产。据目前资料显示,陈广庆(? —1961)当为松花砚(辽砚)制作的一代宗师。由于其相关信息资料极少,目前仅知,陈广庆先生的到来,使清宫制砚之法得以在本溪桥头始传,为本溪制砚注入了新鲜血液。在姜峰先生《古今谱》一书刊录的砚作中,姜峰先生认为应是其代表作。

　　除陈广庆先生之外，本溪桥头还有曲广勋（1914—1994）先生。他出生于山东省莱西县（今为莱西市），师从陈广庆先生，曾在丸子宽开设的"白云堂"砚台铺当过学徒。其砚作雕工细腻，构思精巧，善用松花石色。其砚雍容华贵，极近清宫之作，他一生授徒较多，影响甚大。曲广勋先生砚作数量较多，我们可以从姜峰先生《古今谱》一书中管窥其砚雕艺术特色。

　　袁斌（1926—2011）先生是本溪早期辽砚

"松鼠葡萄"砚

　　20世纪60年代　青紫云石　长28.5厘米　宽17.5厘米　高3厘米　曲广勋制　引自《关东辽砚古今谱》

曲广勋先生工作照

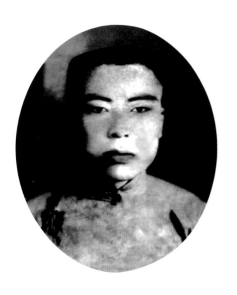

袁景云先生像

辽砚早期"袁氏砚台铺"的掌门人，为袁家砚第一代传人。

"松鼠葡萄"砚

20世纪80年代 青紫云石 长24.9厘米 宽18.5厘米 高2.5厘米 袁斌制 引自《关东辽砚古今谱》

制作的先驱之一。有资料称，袁斌先生为辽宁沈阳人，祖上两代在奉天（今沈阳）制作过辽砚，曾在张氏帅府的斜对面开了一家辽砚作坊——"宁家楼"。到了袁斌的父亲袁景云一代，宁家楼已远近驰名，仅制砚师傅就有29个。后据袁斌先生回忆：在伪满洲国时期，宁家楼的生意仍兴隆，可以用"供不应求"来形容。除了学生用毛笔写字对砚台需求很大之外，还有一个重要原因就是，伪满洲国皇帝溥仪效法康熙、乾隆皇帝，以辽砚赏赐大臣。那时，伪满洲国的总理郑孝胥经常来宁家楼采购砚台，一是供溥仪赏赐大臣用，二是定做一些高档砚台作为外交礼物。袁家所制的辽砚就这样流往了日本、菲律宾、新加坡和马来西亚等国。就这样，袁斌在七八岁时就在祖辈的影响下模仿大人拿起刻刀，开始制砚，16岁时在其祖父袁景云、父亲袁丙新的传授下学习刻砚技艺。后其父因患上了硅肺病去世，袁斌却没有因父亲的去世而放下制砚的刻刀，他毅然放弃了教师这一清闲而稳定的职业，放弃了不再从事艰苦制砚这一行的机会，选择了与辽砚相伴到老。20世纪初，袁斌携全家落户于桥头镇制砚传艺，从此，从16岁拿起刻刀到78岁封刀谢客，85岁的袁斌在制砚之路上已走过了63年，直至终老。人们用"制砚人生"来概括袁斌的一生，可谓实至名归。

袁斌的砚作不但继承了父辈的石雕工艺，而且还大胆创新，构图自由奔放，造型多变，线条清晰流畅，纹饰优美。据传，他还曾为邓小平等国家领导人的出访制作过礼品砚，影响较大。

1945年8月9日苏联出兵我国东北，日军溃败。8月15日，日本天皇宣布投降，东北光复。

"月夜沙洲"砚

20世纪60年代　青紫云石　长17.8厘米　宽12.4厘米　袁斌制　引自《关东辽砚古今谱》

袁斌先生像

"葡萄"随形砚

20世纪50年代后期 青紫云石 长27厘米 宽18厘米 高2.5厘米 曲广勋制 引自《关东辽砚古今谱》

"教子升天"砚

20世纪60年代 青紫云石 长19厘米 宽18.5厘米 高2.5厘米 曲广勋制 引自《关东辽砚古今谱》

"八一五"光复后，国民党忙于内战到处抓兵打仗，使桥头的许多雕砚艺人纷纷逃离桥头，到解放前夕，已有许多制砚作坊倒闭，本溪桥头制砚业濒临绝境。

四、新中国成立后

1948年10月本溪解放后，本溪由辽东省领导。1949年10月1日，中华人民共和国成立，当时有10个直辖市，本溪就是其中之一，市名沿用至今。新中国成立后，本溪桥头的制砚业迅速得到了恢复，流散外地的砚雕艺人纷纷回到桥头。在袁斌老人的回忆中，他就是因为砚，又一次选择回到了本溪桥头。

1957年，本溪当地政府组建了"石材云母制品厂"，其中设立了雕刻车间，恢复了桥头青云石、紫云石的砚雕行业。在石材厂成立的最初时期，技术人员十分匮乏，于是有人就想到了袁斌，就这样，本已成为教师的袁斌权衡了许久，放下了教鞭，接受了石材厂的聘请，回到桥头镇再次拿起了刻刀，迎来了人生的第二次转折。对于这一选择，袁斌说："桥头镇之于我，不是故土胜似故土。这里是辽砚的根，每一寸土地都记录着我为制砚所倾注的点点滴滴——学徒时的艰苦、离开时的不舍、抉择时的挣扎、面对祖父的愧疚、成功后的喜悦。就像当初选择回来一样，这次我选择留下。"

进入石材厂后，袁斌作为厂里的技术指导不仅自己制砚，还负责指导10多个徒弟。袁斌雕刻不需图样，但为了教徒弟，他把样图画出来，让徒弟照着刻，他在一旁指导，下刀的轻重、布局的技巧，他都毫无保留地传授。在袁斌的带领下，当时桥头石材厂年产砚台800多块，高档砚台90多块，这些高档砚台主要用来出口创汇。袁斌也从技术指导升任副厂长，他笑着说："那时候给我待遇相当高，每月88块钱的工资，后来涨到118块，比局长还高！"

在石材厂里，以袁斌、曲广勋先生为代表的制砚名家聚集在一起，为了传承和发扬桥头的砚雕技艺，厂方专为这些老艺人招收了一批青年学徒，老师傅们创作激情高涨，徒弟们学艺劲头十足，外贸出口的石雕艺术品、辽砚订单充足，桥头辽砚制作呈现出历史上未曾有过的兴旺。此期也是袁斌自己制砚生涯的高峰，他的作品

"龙凤呈祥"砚

20世纪80年代 青紫云石 长27.5厘米 宽16厘米 高2.5厘米 曲广勋制 引自《关东辽砚古今谱》

方形砚

20世纪50年代后期 青云石 长17.8厘米 宽17.6厘米 高3厘米 桥头石材厂制 引自《关东辽砚古今谱》

"云龙戏珠"砚

20世纪70年代末 青紫云石 长16.1
厘米 宽10.3厘米 高2.2厘米 桥头石材
厂制 引自《关东辽砚古今谱》

成为省市领导馈赠外宾的最佳礼品。据说在1978年，邓小平出访日本，中央有关部门点名要以辽砚作为出访礼物。袁斌花了一个多月的时间，赶制出"六龙戏珠"等四方砚台。这四方砚台被日本友人称为中国的"国宝"，成为中日友好的见证。

1966年，"文化大革命"开始了，桥头辽砚雕制业受到影响。辽砚制作被当作"三黄四旧""封、资、修"，被打入冷宫，辽砚技艺传承受到极大的威胁。

五、改革开放带来无限生机

粉碎"四人帮"后，改革开放的春风为辽砚带来了无限生机。

据董佩信、张淑芬编著的《大清国宝——松花砚》一书记载，1980年初，吉林省地质局宝石分队将发现的松花石送交长春石雕厂，雕制成我国第一方新生的松花石砚。5月份，吉林省在北京荣宝斋召开松花石砚鉴赏会，吉林省和通化市领导、工艺美术厂的同志带着新制的松花石砚与国内众多知名学者100多人见面，赵朴初、溥杰、舒同、

"枯荷听雨"随形砚

20世纪90年代 青紫云石 长35厘
米 宽21厘米 高4.5厘米 紫霞堂
制 引自《关东辽砚古今谱》

陈叔亮、启功、吴作仁等前来题词祝贺。
1981 年首次参加广州交易会，松花砚被
一抢而空。1982 年，吉林省外贸公司又
与日本丸一株式会社签订了常年包销协
议，并在中国及日本注册"松花牌"松
花石砚。1984 年，松花砚被评为"吉林
省优秀产品"并获"轻工业部中国工艺
美术品百花奖"。同年，本溪桥头石材厂恢复生产。
松花砚在此之后，相继获得过"轻工业部优质产
品"证书、"全国轻工业博览会铜奖"、"对
外经济贸易部出口产品生产基地专业建
设成果奖"、"亚洲太平洋地区博览会
金奖"、省科技进步优秀奖，被吉林省
政府列为"名牌产品""中国十大名砚"。

"辽宁名牌产品"牌匾

2010 年 5 月，"辽宁名牌产品"牌匾由
辽宁省名牌战略推进委员会和辽宁省质量技
术监督局颁发。

　　1985 年，桥头石材厂被本溪第三建
筑公司接收重建，从此翻开了辽砚制作
史上崭新的一页。

　　20 世纪 90 年代，在改革开放后的仅仅十几
年间，本溪桥头地区制砚业迅速恢复，有石砚作
坊 10 余家，产品供不应求。辽砚进入盛产时期，
不仅在继承传统制砚基础上有新的发展，制作的
品种和数量与过去相比也不可同日而语。

"本溪桥头石雕"牌匾

2006 年 6 月 10 日，"省级非物质文化
遗产——本溪桥头石雕"牌匾由辽宁省人民
政府颁发。

　　从 2002 年开始，本溪紫霞堂主人冯军先生
开始研究高仿清宫御用松花砚，并同时几乎叫停
了原本轻车熟路的辽砚制作。

　　2003 年，本溪市政协"辽砚史考证"课题
组，通过历时 7 年的研究与实地调研，出版了《古
今谱》，其中得几个关键结论：辽砚是关东第

"秋郊月夜"砚

20世纪90年代　紫云石　长20.5厘米　宽13.5厘米　高3.2厘米　紫霞堂制　引自《关东辽砚古今谱》

"宝鼎"随形砚

20世纪90年代　青云石　长18厘米　宽24.5厘米　高6厘米　紫霞堂制　引自《关东辽砚古今谱》

一名砚；辽砚出产于辽宁本溪市桥头镇，是关东地区始制时间最久且从未间断的民间制砚。

2006年6月，经辽宁省政府批准，以辽砚为代表的"本溪桥头石雕"被列入第一批省级非物质文化遗产名录。这一时期，袁氏制砚第二代传承人袁斌和第四代传承人袁丽霞、王德昌、章永军等，在继承传统石雕基础上又有新发展，在全国各种展示会上摘金夺银，使辽砚声威大震。

2007年4月，紫霞堂主人冯军先生带着高仿的康、雍、乾三朝清宫御用松花砚赴台北"故宫博物院"进行学术交流，得到了台湾学者嵇若昕女士的赞赏："紫霞堂的松花砚制作水平，已不在昔日宫作之下。"

2010年，辽宁省将辽砚确定为"辽宁文化新三宝"之一，并作为辽宁省今后一个时期内的文化产业发展重点。同年，经全国文房四宝协会专家组评定，本溪紫霞堂生产的松花砚被授予"国之宝——中国十大名砚"称号。2011年6月"本溪松花石砚雕刻技艺"经辽宁省政府批准，被列入第四批省级非物质文化遗产名录。就这样，当代辽砚在袁氏两代制砚人带动下，在本溪松花砚第三代传人王敬崴和第四代传人冯军等优秀人才的努力下，辽砚的影响日益扩大，其生产、制作、经营的队伍迅速发展壮大了起来。

第 三 章

辽砚砚石分布及主要矿坑

东北地区砚材主要分布示意图

本溪周边地势地貌之一

一、砚石产地地理位置

在东北，可用于制砚的石材主要分布在辽宁、吉林两省。在辽宁省范围内，它们主要分布在本溪、丹东、辽阳、大连等地；吉林省的则主要分布在通化、白山、延吉、图们等地。

本溪南芬区是辽宁省内辽砚石材的主产区，云石品类丰富，分为青云石（又称"绿云石"）、紫云石、线石（青紫相间）和木纹石等几种。其广泛分布于南芬组松花石矿脉中。不同时期沉积的层理、不同颜色矿物的组合，形成翠绿、绛紫、褐红、骆青、紫绿相间等色彩，色泽丰富，质地细腻。另外，"云石"之名富有千祥云集之意，在辽东地区有镇宅辟邪、祥瑞纳福之说。

在辽宁本溪范围内，砚石则主要分布有四处：

其一在本溪市南的平顶山南坡，在开采史上有老坑和新坑之分；其二为平山区桥头镇小黄柏峪村的老坑；其三为南芬区思山岭乡大黄柏峪坑；其四为南芬区金坑村河边的南芬区金坑。此外，当代制砚艺人顾福刚提供的新发现的一些坑口，较为零散，散布于小黄柏峪周边的山沟内，为外人所不知。

二、砚石产地的地势地貌

前文已做备述，吉林、辽宁两省同属我国东北—西南走向的长白山山系，而辽宁本溪则地处辽东长白山的支脉千山山脉之东北端，地貌主要特征是以中低山地形为主，西北部边缘有局部丘陵地形。全境总趋势为南高北低，而东西相比又东高西低。山地面积占80%，耕地面积占8.7%，水面和其他用地占11.3%。境内重峦叠嶂，连绵起伏，山多地少。境内1000米以上的高峰40余座，主要分布在本溪满族自治县、桓仁满族自治县和两县与凤城市、宽甸满族自治县的接壤地带。局部山脉走向有的呈东西向，有的呈南北向，崎岖蜿蜒，遍布全境。

南芬地处长白山系的千山山脉东延部分，山势起伏，林茂水丰，森林覆盖率达72.4%。全区总面积619平方公里，东部高，西、北、南低。

本溪砚材分布简图

老坑所属辖区说明：第一，平山区(桥头镇)小黄柏峪村；第二，南芬区(思山岭乡)大黄柏峪村，第三，南芬区(郭家街道办事处)金坑村；第四，本溪市平顶山老坑(龙坑凤坑)。

三、砚石的资源特色

（一）分布相对集中

就目前所知，本溪辽砚砚石资源主要分布在本溪市平顶山老坑、平山区小黄柏峪的老坑和金坑村的老坑，还有就是位于思山岭乡的一些坑口。尽管每个坑口分布在不同地方，但砚石资源都以坑口个体为单位集中在一起，储量充足，且相距都也不是太远，交通便利。最为主要的是除了本溪市平顶山老坑之外，辽砚砚石资源则大部分集中于平山区桥头镇的小黄柏峪老坑和金坑村的老坑。

（二）露天矿藏、储量巨大

辽砚石材资源丰富，种类繁多，除青紫云石、木纹石外，目前发现的可加工利用的石材有几十种，主要分布在桥头镇乃至周边地区，资源分布相对集中。本溪地区是天然辽砚石材资源的重要产区，砚石材料储量丰富，且大多为露天矿。目

本溪金坑远眺全景图

前已初步探明本溪市辽砚石材资源储量初步统计
为 11 572 万立方米，其中，已获得开采权的储
量为450万立方米。这些石材的特点是声音清脆、
色彩丰富、石品众多，为辽砚的制作和雕刻提供
了极为宝贵的天然资源。

（三）易于开采

由于本溪辽砚砚石矿多藏于低山丘陵地段的
山体内，加之各坑口的储量都较大，交通便利，
故而较易开采。开采的方式一般都先将砚坑山体
表层的植被和土壤剥除，再将围岩凿去，待砚石
完全突出后采掘。由于辽砚砚石大多呈分层结构，
所以采掘方式上仍沿用古代传统的采掘方式，首
先以铁锹、钢钎等剥离表层植被及土壤，然后再
以钻子、凿子、锤子、楔子、撬杠等工具分块、
分层剥离主体，相比于端砚高远的山坑和深邃的
水坑采掘，辽砚采掘的方式方法都显得那么简单

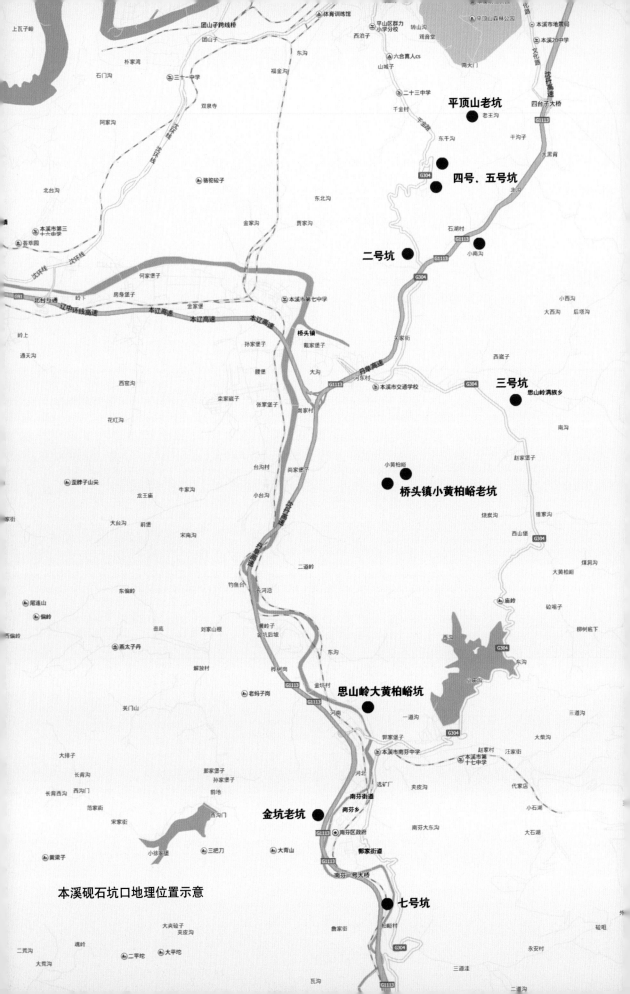

平顶山老坑

四号．五号坑

二号坑

三号坑
思山岭满族乡

桥头镇小黄柏峪老坑

思山岭大黄柏峪坑

金坑老坑

本溪砚石坑口地理位置示意

七号坑

和轻松。基于对植被的保护和砚石资源的合理开发利用这一目的，当地政府和相关单位一直对滥采滥挖的开采方式明令禁止，同时也严格禁止采用爆破、机械开挖等有害砚石的采掘手段，以免造成砚石内部结构性的破坏，降低砚石资源的整体利用率，造成优质砚石资源的大面积浪费。

平顶山老坑地理位置示意图

四、砚石主要坑口

本溪出产砚石的历史名坑——"老坑"共有三处，第一处是本溪市平顶山的龙坑和凤坑，第二处是本溪南芬的金坑"老坑"，第三处是桥头镇小黄柏峪的"老坑"。三处"老坑"处均设立有本溪市人民政府竖立的市级文物保护单位"辽砚老坑"碑。

（一）本溪平顶山老坑

平顶山老坑是本溪桥头制砚最早的采掘砚石的坑口之一，位于与本溪市平顶山的南坡，桥头镇之北，相距桥头镇约 5 公里。姜峰先生在《关东辽砚古今谱》一书中这样写道："桥头制砚的初始年

平顶山老坑之凤坑

平顶山老坑之龙坑

小黄柏峪老坑图一

代考证由于历史的记录缺失，在相当长的时间里人们找寻不到其确切的时间痕迹。官方所修的方志中记载本溪区域内有石可制砚者，最早是《盛京通志》载有'平顶山及骆驼洞，石剖之有彩文（纹）可制器……'。文中提到的平顶山，古称横山、青云山。此山出产青紫云石和木纹石，贮藏量较大。古时有龙、凤两坑，石质甚优。龙坑为青石，早已封坑。凤坑为紫石，现在仍在采石，木纹石以平顶山角下石湖村之坑为上品。"

平顶山老坑龙坑和平顶山老坑凤坑的位置在桥头之北约 5 公里处，古今都有山路相通。平顶山老坑矿带多是青云石，紫云石少而又少，没有木纹石。目前，平顶山的龙坑和凤坑均已无人开采。这可能是由如下几个原因造成：一是本溪市

政府设了保护措施，故而不能开采；二是因无人连续开采，表层石材裸露已久，风化严重，酥软，已不能制砚；三是砚坑较为偏远，且道路失修，交通不便，开采成本过高；四是已有其他坑口的石材替代了龙、凤坑所出的石材。至于姜峰书中提到的新坑，是因修路开凿山体裸露出来的一些石材，只能说明平顶山老坑附近一带有大量青云石矿带，但至今也未再行开采和使用这些石材。

（二）平山区桥头镇小黄柏峪老坑

小黄柏峪老坑位于本溪市平山区思山岭满族乡南部，东与杨木沟村为邻，北与思山岭村连接，西与三道河村相连，南以南芬区赵家村为界。前往矿坑须由小黄柏峪沟门入沟至小黄柏峪路，矿坑就在小黄柏峪路的采石场附近，沿途山峦起伏，地势较高。此处主产青紫云石，新坑多，以青云石和青紫云石（线石）为主，其中青云石产量较高，紫云石产量较低。其沉积层不明显，色彩紫中偏红，石质细腻温润，成岩多为块状板岩。附近新开的坑口较多，一些石料被当地农民开采拣选后，仅留有极少数可以制砚的石料，大部分被切成方形薄片外销，或制作成装饰品，或用于铺路，也有贴墙当瓷砖用的。

（三）南芬区思山岭乡大黄柏峪坑

大、小黄柏峪只隔一道岭（梁），这道岭也是南芬区和平山区的分界岭。大黄柏峪坑坑口位于南芬区思山岭乡大黄柏峪南山采石场，日伪时期就已被开采，这里辽砚石材品种齐全，青云石为主，占 70%，木纹石占 20%，紫云石占 10%。

桥头镇小黄柏峪老坑

小黄柏峪老坑地理位置示意

小黄柏峪老坑图二

思山岭大黄柏峪坑地理位置示意图

思山岭大黄柏峪坑

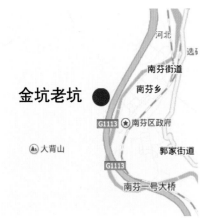

南芬区金坑老坑地理位置示意图

南芬区金坑老坑

（四）南芬区金坑

金坑辽砚老坑遗址位于本溪市南芬区郭家街道办事处金坑村一组细河边上。凡史书、方志涉辽阳境内金坑、平顶山、小黄柏峪的，均有青、紫云石可制砚的记述，其制砚地均为桥头。桥头是明代至民国，辽阳地域唯一用青、紫云石为砚石的制砚地，在众多古籍中"有细河沿取砚石之材"的记述。以此推算，金坑辽砚老坑已有300多年的开采历史。如《奉天通志》记有两则，一为"盛京通志：本地石可为砚者，出平顶山及骆驼洞，然质滑"（《奉天通志》卷九十九礼俗志三器用篇），二为"城东金坑青石、紫石可为砚"（《奉天通志》卷一百一十二特产四）。《辽阳县志》中虽未提及平顶山之石，但对金坑出砚石

的记述则比《奉天通志》更具体，"城东一百里金坑出青石、紫石水成岩可为砚"（《辽阳县志》卷三十物产志）。这部县志中提到的城东金坑，是指辽阳古城东之金坑，现属本溪市南芬区辖，与桥头一岭之隔。金坑村细河畔之东山，整座山皆为青紫云石，当年细河水量充盈，无论冬夏，采石运抵桥头十分便捷，春夏秋三季用木排，冬季用爬犁运送石料。

金坑是本溪名坑之一，因修高铁线，南芬高铁站在金坑，南芬至金坑高铁站的路段穿坑而过。线路靠山一侧是属于高铁线路保护管制区，国家规定不得采石，另一侧则是河道，也不方便开采，故而金坑一直无人开采，以致其裸露在外的岩石常年经风历雨，风化严重，成废坑之象。但当地不少人相信，揭去地表风化层后，金坑应该还是可以开采出上好的砚料的。

据顾福刚介绍，金坑因修高铁石开采出的砚石，石品姹紫嫣翠，石质细腻温润，富含云母，不同角度光照下纹理有折光，石质成岩和歙砚眉纹较相似，下墨快，易清洗，起墨益毫不伤笔。唯一可惜的是修高铁时开采出的砚石太少，而现今高铁通车后又不能再行开采，仅存的一点石材就成了稀有砚石。

（五）新近发现的坑口

除以上大家较为熟悉的坑口外，本溪桥头还有当代制砚艺人顾福刚先生新发现的一些坑口，均产有砚石，且各具特点，有些还是较为稀有的新石种。本书在此感谢顾福刚先生的无私分享。

南芬区金坑老坑界碑

2014 年 10 月 24 日，本溪市人民政府竖立的市级文物保护单位——"辽砚老坑"碑。

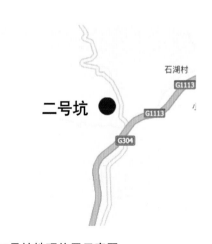

二号坑地理位置示意图

三号坑地理位置示意图

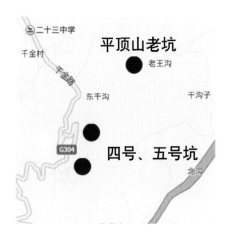

四、五号坑地理位置示意图

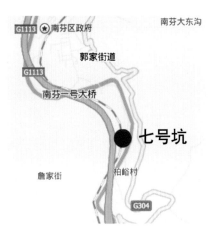

七号坑地理位置示意图

1．二号坑

新发现的坑口，距千金沟里的垃圾填埋场较近，主产木纹夹青石，开采出多为板岩，厚度不等，佳石产量较少，开采几百吨石料以后，现已停止开采。

2．三号坑

位置为老坑水岩产地，主产木纹石，金包玉，绿刷丝。

3．四号、五号坑

四号、五号坑主产青紫云石，其中青云石产量较高，紫云石产量较低。

4．七号坑

七号坑所处位置和金坑一样，仅存因修高速公路开采出的少量的新石品——五彩富贵丝砚石，现高速公路已竣工通车，无法再行开采，故仅存的一点五彩富贵丝砚石也成了稀品。

除以上坑口之外，本溪或许还有许多新开的坑口尚未人知，但总的来说开采量都不大。

第四章

辽砚的石色、石质及石病

一、辽砚砚石的形成

由前文我们得知，辽砚砚石主要有四种，一是青云石，二是紫云石，三是青紫相间的青紫云石（又称为"线石"），四是木纹石。从发现到制砚，前三种石材使用的历史都很长，唯有木纹石是近 30 年新发现并使用的。

关于辽砚砚石的形成，姜峰先生在《古今谱》一书中曾做介绍，他是从地质科考的角度出发的，行文过于专业，一般人难以读懂其中奥妙。鉴于此，本书则从科普角度出发，行文以通俗易懂为主，做简单介绍。

首先我们要知道，今天我们所看到地球表面的陆地和海洋分布都是地球在上亿万年的地壳运

本溪桥头地区的地形地貌

本溪市区属辽东山地丘陵区，为长白山山脉的东南延续部分。地势起伏较大，山峰连绵，沟壑纵横，相对高差大，切割强烈，沟谷狭窄，且多呈"V"字形。

在地形上，区内两个大致平行的北东向山系构成本溪的南北界限。南部山系高于北部山系，北部山系的南侧和南部山系的北侧有近南北向及北西向的支脉伸入中部的太子河谷地，太子河谷地由东向西逐渐加宽。在地势上，该区形成南北两侧高，中部低，南部明显高于北部的地貌形态。

动后产生的结果。在上亿万年的地壳变化中，地壳都会因释放内部的能量而产生局部上升或下沉的现象。在这上亿万年间，曾经是一片海洋的本溪在地壳运动中，将一些藻类植物和泥沙先后深埋于各地层中。而后经漫长的地质变化，在氧化与还原交替的过程中，不同时期沉积的层理、不同颜色矿物的组合，经过几十万年的沉积挤压成板岩，那些含藻类植物的青色的地质层形成今天所见的"青云石"，而那些含泥沙的地质层则形成了呈紫色"紫云石"，两种不同的泥质相间的则形成了青绿相间的"青紫云石"，也就是我们所说的"线石"。

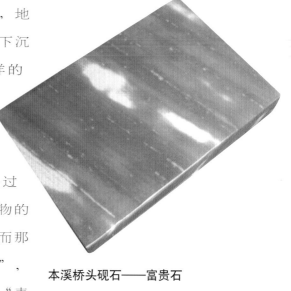

本溪桥头砚石——富贵石

二、辽砚砚石的分类及检测

（一）青云石

青云石砚料，亦称为"绿云石"，石质结构致密，摩斯硬度约为4。青云石是由砚石颜色得名的，从刷丝纹理看似松花，也称绿松花。由于其中含微晶的石英，且均匀地分布其间，因此青云石砚细中有锋、柔中有刚。又因微晶石英组分含量适中，故青云石砚久磨笔而不减其锋，发墨益毫，滑不拒墨，涩而不滞笔。还因含有黏土矿物成分，青云石砚有贮墨而不易干的特点。此外，这种微晶灰岩带有微层理与硫化铜产出，因而具有装饰美，能工巧匠因材施艺，可使青云石砚古朴典雅，庄重剔透，令书画家为之赞叹。

青云石剥离肌理及色泽

切割成型的青云石

（二）紫云石

　　紫云石主体为紫色，如紫红色、猪肝色、紫灰色等，有的也夹杂不规则青色、黄色等，紫云石也称为紫松花。通体紫色的紫云石硬度较低，摩斯硬度在 3 ～ 3.5。它具有微细层理，常在绿色之中夹杂着黄、白等色的笔直纹饰，足似刷丝。有的砚石还具有矿化现象，如含星点状黄铁矿等。

　　紫云石质地坚实、温润如玉、凝如膏脂、细若肌肤，锋藏其中，刚柔兼济，细中有锋，致密细腻，孔隙度小，贮水不涸，既涩又滑，叩之如铜，声清悦耳。

　　紫云石裸露原石甚少，一般在地表面见到的形态各异，纹理各异，色彩斑斓，奇者似天成彩绘，有立体感。因石质细腻光滑，故用它制成的砚"滑而流墨、涩而不磨笔"。因青蓝色中生有几缕紫红色的纹理，似蓝天红霞，凝于砚台之中，令人浮想联翩，文思泉涌，故其备受历代文人雅士珍藏，亦令收藏家梦寐以求。

紫云石石色

紫云石原石剥离肌理及色泽

（三）青紫云石

　　绿紫相间的辽砚砚石（本溪当地称"线石"或叫"青紫云石"）与紫绿相间的青紫云石，产量较低，摩斯硬度约为 3，成岩结构呈水平状，沉积板岩，属水成岩，下发墨较好。绿色部分为藻类，紫色为泥沙。这种紫绿相间的石材一般厚度在 6 厘米左右，其余层多为全紫色或全绿色，在山体中呈水

紫云石砚石横切面

　　刷丝纹理细密,内部颜色呈豆绿色,间杂杏黄色细密刷丝纹理。

平状,产量较低,开采也极为不易,因山体厚度所限,开采时要将其他不需要的石材清理掉,才能得到需要的部分。且无论清理掉的山体有多厚——10米或20米——所得到的仍只是这6厘米厚的一层而已。现在由于政府限制开采量,再加上开采不易,所以这种石料也面临停产的境地。

　　这种坯料的原石呈板状结构,其面积大小不受岩石本身限制。所以只要使用需要,原石面积几平方米以上的也可以开采到。

　　青紫云石虽也属水成岩,和上述两类却有着明显的区别。石材本身没有明显的解理面,不存在薄弱的层面,除了用锯切割外,无法用其他手工工具使它按预想的部位裂开。

三、辽砚砚石的石色石品

(一) 石色

　　辽砚砚石石色的分类是按较为常见的方式,

辽砚石色之紫色系

即以石材主色调的不同进行分类，大概分为以下六类：

1. 紫色系

即以"紫云石"为代表的紫色系。其特征是石色以紫色为主色调。紫色深浅有别，有紫红色、猪肝色、紫灰色等。在紫色系中，还可分为颜色较为纯净的紫色和以紫色为主的伴生色。如紫色色泽深浅相间的紫松花石；再如紫色中伴生有零星的或颜色浅显的红色、白色、黄色等，虽有伴生的其他颜色，但此处都归为紫色系。

2. 绿色系

即以"青云石"为代表的绿色系。其特征是石色以青绿色为主色调，包括色泽较为纯净的青云石和色泽深浅相间的绿刷丝松花石等。

3. 黄色系

即以"黄色木纹石"为代表的黄色系。但值得一提的是，木纹石还有黄色与其他颜色相间共生的情况，如黄绿相间的"木纹石"，就是纯黄色"木纹石"演变不彻底形成的。除二者之外，在本溪桥头当地，人们还把一种被黄色木纹石包裹的乳白色共生石称之为"金包玉"。

4. 白色系

独立的白色的辽砚砚石极为少见，多以共生的情况出现，且大多出现在黄色木纹石包裹着的核心部位，色泽呈淡淡的乳白色，即桥头当地所称的"金包玉"的"玉"部分，体量有大有小，一般用作砚盒的俏色或者制作其他工艺品。

5. 线石

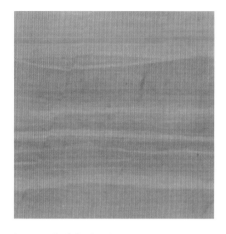

辽砚石色之绿色系

辽砚石色之黄色系

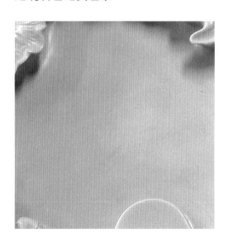

辽砚石色之白色系

是辽砚砚石中极具特色的代表石种。之所以称为线石，是在紫色的砚石石材中分层伴生有2～3毫米薄厚的其他颜色的石层，如果从石料自然剥离的纵切面看，不同颜色的石层夹生在紫色石体中，犹如一道道规则笔直的石线，故而得名。线石的"线"一般以浅绿色较为常见，除此之外，还有黄绿色、紫绿色、红黄色等二色系和紫黄绿三色系及多色系混合色的现象。在我国数百种的砚石中，石色分层共生的情况非常多，但辽砚中分层共生的情况极为特殊，其石层不但分布极为平整，而且在加工过程中无法轻易从石材中将两种石层剥离，为雕刻者提供了无限的设计空间。

辽砚石色之混合色系

6. 混合色系

混合色系一般指石材上有多种颜色共生的情况。这与石材"金包玉"的混合石色不同，其特征主要表现为两种或两种以上的多种石色不是大面积的分布，而是以较小的、不规则的斑点或者条纹分布在主色调的石材中。其形成的原因一般是由石材中所含的矿物成分的不同所造成的，是在远古时期地壳运动中形成。这其中包括后文中所说的五彩富贵丝、五彩月黄斑。

（二）石品

石品是砚石中天然形成的各种自然纹络和图案，是在地壳运动的过程中，由砚石中所含微量元素量的不均所造成，而这种不均匀的分布又在砚石的开料和打磨过程中表现出来。其具体表现为不同色相、深浅有异、大小不等、薄厚有别。辽砚石品较多，形态自然而又千变万化，常见的有刷丝纹、水波纹、云气纹、木纹和线条等。

1. 刷丝纹

辽砚的刷丝纹以松花水岩砚石为代表，是因石色由深浅两种不同绿色间隔而成，刷丝纹如钢丝刷刷过的痕迹，线条笔直而刚劲，且粗细相若、疏密程度近似。除此之外，它在辽砚砚石中的青云石大料纵切面上也表现得较为明显。其他还有紫石以及五彩刷丝等，刷丝纹的纹理结构都是以粗细不同、深浅有异的双色和多色共同组成。

在当地制砚行业内，人们习惯将刷丝分为细密绿刷丝和蛋清刷丝两种。其中细密绿刷丝是绿刷丝系列之一，成岩结构和后文说到的五彩富贵丝相同，唯一不同的是颜色较单一，图片中老红色部分为其他微量元素的渗入所形成，用于砚雕中做巧雕会有意想不到的效果。从原石中可以看到刷丝纹的分布状态，刷丝细密有致，且极为平行，有如用尺量画一般，这也是和水岩老坑类不同的地方，和第二类绿松花的截面刷丝纹理倒是极为相似。除此之外，还有一种细密绿刷丝和蛋青刷丝共生的情况，即细密刷丝砚石的边缘出现了类似蛋清色的变异，同时在内部含有硫化铁的成分，上面的深青色斑点即为硫化铁，其在阳光下会有金色的金属质感。其结构较细腻，抚之有如儿童肌肤般润滑，摩斯硬度约为3.5。由于产

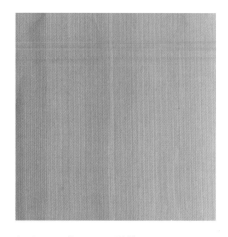

辽砚石品之一——刷丝 1

辽砚石品之一——刷丝 2

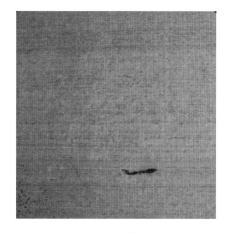

辽砚石品之一——刷丝 3

量低，它还没有被大量用于制砚。

2．荡水纹

荡水纹，顾名思义就是像水面吹起的层层水波纹。荡水纹在青云石和紫云石上都会产生，主要是因为砚石的切割和打磨都是在砚石料分层的平面上进行的，它是由不均匀的石色层经打磨抛光后出现的一种石品，尤其在平层打凹的砚堂中尤为明显。这一紫云石石品特征或许符合姜峰先生在《古今谱》中所引清王士禛《香祖笔记》中记述的"绀色白文（纹）"。文中记述"康熙四十三年，王士禛的门生李先复奉天归来，赠送老师一方绀色白文（纹），遍体作云锦形的松花石砚"。因为吉林产的绿色松花石通体带有深浅不同之横纹又称刷丝。而这方砚通体为白纹云锦形，乃暗紫色紫云石无疑。

3．木纹

即砚石的纵切面有状如松木般的木纹，一般有黄褐间隔的，也有黄橙间隔的，纹理或粗或细，或深或浅，色泽明亮，几可与真实的松木板乱真。在其横切面上，也同样表现出与松木横切面相同的木纹，十分美观。除此之外，单一黄色的木纹石也称之为黄松花，黄色和绿色交叠的岩石也属于木纹石石种。

4．金包玉

即桥头当地所称的"木纹加青"，就是木纹石里面夹杂青云石的一种简称。又因其原石外表呈黄色且伴生有木纹，而内部却是色泽较为纯净的青云石或者很纯净的乳白色的青云石，故而也

辽砚石品之二——荡水纹

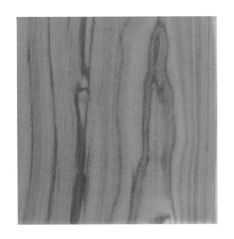

辽砚石品之三——木纹

辽砚石品之四——金包玉

有人形象地称其为"金包玉"。这种石材具有不事雕琢的美感，纹理自然，石质柔润光滑，但又因黄色的外表与青白色的内核在分布上呈不规则状，故而想要用好也极为不易。

5. 线石

线石是桥头辽砚砚石中最为常见的一种。关于其特征，因前文已备述，此处不再赘言。

由《古今谱》一书我们得知，辽砚自明代始产以来，线石俏色这一传统工艺就一直在本溪桥头十分盛行。由于线石分层较为均匀，桥头制砚艺人常以线石的这一特点在纹饰的雕刻上进行分层俏色，使图案在深浅不同的色彩对比中产生变化。如在《品埒端歙——松花石砚特展》一书中就不乏以线石俏色制作砚盒的实例，典型的如书中第59例藏品，其砚盖的"双龙"纹就是以线石精琢而成，精美绝伦。除此之外，线石还可以加工制作其他工艺品。如书中最后部分的两座插屏，就是以线石制作的精美作品。

至今，在当地制砚领域，线石俏色的这一传统工艺已运用得十分普遍，桥头当地的制砚艺人已完全掌握这一技术，有些艺人还积极拓宽思路，不仅在砚盒上雕镌龙凤等图案，还雕琢有山水、人物、书法等，有的还利用色泽雕制成青铜器等，取得了一定的成绩，为辽砚的发扬光大做出了贡献。

6. 五彩丝

五彩丝以石色的不同和分布形状的不同又分

辽砚石品之五——线石1

辽砚石品之五——线石2

辽砚石品之六——五彩月黄斑1

辽砚石品之六——五彩月黄斑2

辽砚石品之七——海藻纹

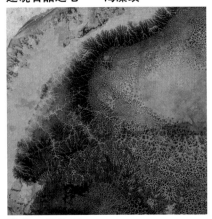

松花石松纹砚

清康熙　砚长9.5厘米　宽6.4厘米　高1厘米　盒长10.4厘米　宽7.3厘米　高1.8厘米　现藏于台北"故宫博物院"盖面保留了天然黑色松树形纹，妙趣天成。

为"五彩富贵丝"和"五彩月黄斑"两种。

五彩富贵丝：五彩丝系列之一，刷丝纹理明显，紫绿相间，颜色变化丰富，紫绿间会有多种色彩过渡，颜色稳重，彰显富贵之气，所以命名为五彩丝。硬度不高，摩斯硬度约为3，下发墨良好，极适合用来制砚，是新发现的松花石新品种，所以在过去的其他相关书籍中都没有记载。在松花石系列中，它在纹理、颜色、下发墨等几方面中当排首位。这种砚材虽属沉积岩，岩体却呈块状，而不是像第二类那样以板状成岩出现，没有明显的解理面。紫色的底色上多呈现蓝色、绿色以及红色等丝状条纹。

五彩月黄斑：五彩丝系列之二，属五彩富贵丝的变种，底色较富贵丝浅一些，看上去艳丽一些，多以月黄色或蛋青色斑纹出现，斑纹多块状，而富贵丝多条状。其硬度、下发墨和五彩富贵丝无异。

7. 海藻纹

海藻纹是原矿砚石体表依附的一层薄薄的图案，因状如海水中漂浮的各种海藻而得名。颜色主色调为褐黑色，海藻纹理千变万化，较为美观，引人联想。当地也有称之为"松草纹"的，也较为相似。由于海藻纹较为美观，且厚度极薄，所以一般不做砚石，而常用在砚盒的盒盖上，其纹理自然天真，颇为雅致。其在《品埒端歙——松花石砚特展》一书的第27、28例石砚的砚盖上就有应用。

四、辽砚砚石的特点

（一）石材特点

从古以来，我国用于制砚的材料有很多，如石、陶、玉、金属、蚌壳、琉璃、竹木等，种类繁多，其中以石质砚所占比例最大，使用时间最长，适用范围也最广。制砚当以实用为第一要务，其次求其造型美观、石品丰富等。而这些条件对于天然的石质砚来说，砚石石材的优劣就是能否成砚的首要前提，其主要表现在大小、厚度、密度、净度等方面。此处就以石砚成砚之初挑选砚材的这些通用标准，我们尝试性地对辽砚进行如下分析。

辽砚原石

1. 块度

砚石必须具有一定的块度，即要有适宜制砚的大小和厚度，当以足可雕琢一方大小适宜的砚台为标准。因为砚台形体太大会不便于在书案上移动，用后清洗时也极为不便，而形体太小则无法或不适宜研磨，且蓄墨量小，无法支持较长文章和大幅绘画作品的创作。选择砚体的厚度应充分考虑墨池的深度，只有砚体的厚度达到一定的程度方可凿挖深池，方可存储较多的墨液。故而，大块度的砚材砚石是成就一方砚的必要条件。而对于此，本溪桥头出产的各种辽砚砚石，在大小、厚度上都是合格的。

仿清宫御砚

当代　长14.5厘米　宽9.8厘米　高2.1厘米　紫霞堂监制

2. 硬度

通常情况下，砚石的最佳摩斯

夔龙团寿纹砚

当代　五彩斑　直径13.5厘米　高3厘米　顾福刚制

"海上日出"对砚

当代　海藻纹石　长18厘米　宽15厘米　高3厘米　紫云堂监制

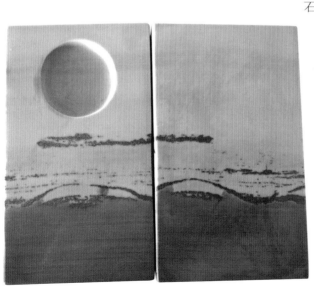

基本硬度应在3—4度之间（墨的摩斯硬度为2—3度），而且次要矿物的硬度最好比主要矿物的硬度高2—3度，形成适当的硬度差，方可实现下墨快的使用效果。而制作辽砚的三种主要砚石的摩斯硬度均在3—4之间，但又各不相同。如青云石砚料，石质结构致密，摩斯硬度在4左右，由于其中含微晶的石英，且均匀地分布其间，因此青云石砚细中有锋、柔中有刚。又因微晶石英组分含量适中，故使青云石砚久磨笔而不减其锋，发墨益毫，滑不拒墨，涩不滞笔，还因含有黏土矿物成分，故青云砚石有贮墨而不易干的特点。此外，这种微晶灰岩带有徽层理与硫化铜产出，因而具有装饰美，能工巧匠因材施艺，可使青云石砚古朴典雅，庄重剔透。

通体紫色的紫云石硬度较低，在摩斯硬度为3～3.5之间，具有微细层理，常在绿色之中夹杂着黄、白等色的笔直纹饰，足似刷丝。有的砚石还具有矿化现象，如含星点状黄铁矿等。紫云石质地坚实，温润如玉、凝如膏脂，细若肌肤，锋藏其中，刚柔兼济，细中有锋，孔隙度小，贮水不涸，既涩又滑，叩之如铜，声清悦耳。紫云石裸露原石甚少，一般在地表面见到的形态各异，纹理各异，色彩斑斓，奇者似天成彩绘，有立体感，因石质细腻光滑，故用它制成的砚"滑而流墨、涩而不磨笔"。因青蓝色中生有几缕紫红色的纹理，似蓝天红霞，凝于砚台之中，令人浮想联翩，文思泉涌，故其备受历代文人雅士之珍藏，亦令收藏家梦寐以求。

"砚宝"砚

当代　青紫云石（线石）　长 30 厘米　宽 14 厘米　高 5 厘米　王德昌制

线石中紫绿相间的青紫云石，产量较低，摩斯硬度在 3 度左右，成岩结构呈水平状，沉积板岩，属水成岩，下发墨较好。

紫绿相间的刷丝石，纹理明显，颜色变化丰富，硬度不高，摩斯硬度在 3 度左右，下发墨良好，极适合用来制砚，紫色的底色上多呈现蓝色、绿色以及红色等丝状条纹。

3. 净度

净度是指砚石中各矿物元素是否多样。经研究表明，砚石的石质是由不同含量的多样矿物质组成。如有绢云母泥质板岩、粉砂质板岩、钙质泥板岩、凝灰质泥板岩、微晶灰岩、粉砂质泥灰岩、安山质凝灰岩等沉积岩及轻变质的火山沉积岩类多种。其中以沉积岩和浅变质岩中的绢云母泥质、粉砂质、凝灰质页岩和板岩一类为主，主要成分为黏土矿物质和硬度较低的方解石组成。简单地说，砚石"净度"就是指砚石矿中不包括其他软硬不一的其他矿物质和金属与各种矿物质分布不均匀的情况，也就是微量元素相对"单纯"，且分布较为均匀，不会产生或者凝结成为影响研磨使用的各种不利因素。这些不利因素从砚石的表面看，就是砚石中有"隔""瑕""铜钉"等各种石病。当然，辽砚砚石中并不是没有这些不利因素，只是相对于大范围的优质砚石来讲，这些不利于研磨的各种石病几乎可忽略不计。

4．石品

砚石的石品主要指砚石上的色泽和花纹。每种石质砚都会因石材中所含的微量元素的不同，而呈现出不同的颜色或者不同的石品花纹，既不影响研磨使用，还十分美观，赏心悦目，有的甚至成了一个砚种所特有的"身份证"，彰显着其独特的优良品质和特点。典型的如端砚老坑砚石中的鱼脑冻、金银线、蕉叶白等，因是端砚优良品质的象征而成为人们追逐的对象。辽砚砚石的石品前文已述，也较为丰富。不论青云石抑或紫云石，砚石的色泽都素雅深沉、柔和悦目，而黄色松花石则纹理自然生动、千姿百态，不由人不赞叹大自然的鬼斧神工。

5．分层均匀

与其他砚石相比，辽砚的线石极为特别，其特别之处具体表现有二。首先是其分层十分均匀，是其他砚石所无法比拟的。据顾福刚介绍说，这种线石硬

方形饕餮纹井田砚

当代　青紫云石（线石）　长22厘米　宽22厘米　高5厘米　王德昌制

砚体正方敦厚，"井"字砚池，砚缘四周饰云纹地，以呈现缥缈空灵，展现出辽砚的美。砚盖盖心雕青铜器饕餮纹，周缘镌刻金文"神龟四灵云祥，洛书井田"等25字金文。砚底刻神龟。

度在摩斯硬度 3 度左右，成岩结构
呈水平状，沉积板岩，属水成岩，
下发墨较好。绿色部分为藻类，
紫色为泥沙。这种紫绿相间的石
材一般厚度在 6 厘米左右，其余
层多为全紫色或全绿色，在山体
中呈水平状，产量较低，开采也
极为不易，因山体厚度所限，开
采时要将其他不需要的石材清理掉，
才能得到需要的部分。且无论清理掉的
山体有多厚——10 米或 20 米，所得到的仍只是
这 6 厘米厚的一层而已。现在由于政府限制开采
量，再加上开采不易，所以这种石料也面临停产
的境地。关于其块度的大小，顾福刚还说，这种
坯料的原石呈板状结构，其面积大小不受岩石本
身限制，所以只要使用需要，原石面积几平方米
以上的也可以开采到。其次，线石虽也属水成岩，
和上述两类却有着明显的区
别。其石材本身没有明显的
解理面，不存在薄弱的层面，
除了用锯切割外，无法用其
他手工工具使它按预想的部
位裂开。

"蝉"砚

当代　紫云石　长 6.5 厘米　宽 4 厘
米　高 1.5 厘米　顾福刚制

仿青铜"尊"砚

当代　线石　长 30 厘米　宽 28 厘
米　高 7 厘米　紫云堂监制

（二）石质特点

石砚的实用价值是由
研磨效果即下墨、发墨和
益毫效果的好坏程度决定
的，也是决定其砚石质地

"福祉"砚

当代 青云石 长18厘米 宽12厘米 高3.8厘米 顾福刚制

的优劣与否和是否实用的重要标准。千百年来，人们一致认为，质地优良的砚应具备"发墨益毫，滑不拒墨；质坚致密，玉肌腻理；细中有锋，柔中有刚；细腻滋润，贮墨不涸"等几个方面的特点。对此，辽宁科技学院惠怀全副教授曾会同吉林大学地质专家根据辽砚的形成、加工和具体实用等几个方面，甚至经过不断测试、分析和总结，归纳出以下几点，并据此认为，辽砚的石质无疑是制作砚台的优秀材质。

1. 质坚性温、细腻光滑

辽砚石材岩性为含硅质泥晶灰岩，是稳定的浅海相沉积。海水搬运来的沉积物使辽砚砚材中所含矿物成分较多，有微晶方解石、石英、白云母、黏土矿物等。其中方解石为主要矿物成分，约占95%，其粒径在0.01～0.02毫米之间；石英含量3%～5%，粒径与方解石相仿，颗粒均匀，排列规则；石英晶形似双面锋刃，平行排列，组成了砚石的骨架，结构紧密，石英含量与粒度适当，分布均匀，成就了温润和细腻的砚石质地。除此之外，辽砚砚石中还含有少量的白云母、黏土矿物等。砚石中矿物所含矿物的比例、颗粒大小和排列方式，决定了砚石的硬度。而辽砚砚石中方解石的摩斯硬度为3，石英的摩斯硬度为7，墨锭的摩斯硬度一般为2，石英和方解石中呈星点状均匀分布，两种主要矿物硬度之间的差异，决定了辽砚石材具备柔中有刚，又细中有锋的砚石特点，既能恰到好处地使墨锭研磨涩而不滑，又能抵御墨锭经久摩擦而不受伤损。研墨起沙快、发沙细、落墨光滑油亮，为任何火山岩石砚、砂质挤压板材石砚以及人工滔洗泥浆烧制的陶砚所不能匹敌。

还有人认为，大凡制砚所用的砚石，要求具备肌理细润而坚密之"德"、发墨快而益笔养毫之"才"、滋津养墨而不涸不腐之"品"、色泽典雅纹理成趣之"貌"。而辽砚砚石是由海相泥质构成，其细腻程度是划分石质品级的标准，可分为朕质石品、玉质石品、沙质石品、石质石品四类。

朕质石品：微粒状结构，颗粒度在 0.01—0.1 毫米以内，肉眼似乎感觉有颗粒度存在，但难以辨别形态。

玉质石品：细粒状结构，颗粒度在 0.1—0.2 毫米以内，肉眼可稍微看到颗粒度存在，能隐约分辨出边缘。

沙质石品：中粒状结构，颗粒度在 0.2—0.5 毫米以内，肉眼明显看到颗粒度，能分清颗粒的排列方式。

石质石品：粗粒状结构，颗粒度在 0.5 毫米以上，含显著的沙性物质，质地坚硬。

由此可见，密度也是判别石质优劣的标准，密度又直接影响到石质的硬度。理想的密度是在 2.60—2.80g/cm^3 之间。砚石太硬和太软都不好。太硬，研墨滑堂，

桃形砚

当代　紫云石　长 15.5 厘米　宽 13 厘米　高 6.3 厘米　顾福刚制

圆形兽足龙纹匣式砚

当代　豆绿松花石　直径 25 厘米　高 6.8 厘米　顾福刚制

此砚兼备青铜器与玉雕香炉的诸多元素，砚盖雕刻两条嬉戏的螭龙以强化古代玉器造型之美，砚身四周精琢饕餮纹则倍添清官器之雄浑壮美，下承三兽首足使之平稳，既具实用之功，又兼得陈设欣赏之用，亦具收藏价值。

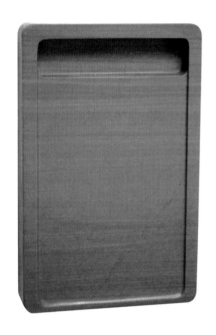

"一"字池砚

当代 青云石 长17.5厘米 宽12.5厘米 高3厘米 紫云堂监制

"蝉"砚

当代 木纹夹青石 直径15.5厘米 高3厘米 富慧康监制

此砚尽显木纹夹青石石色之美，纹理自然，柔润光滑。

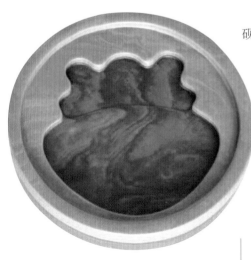

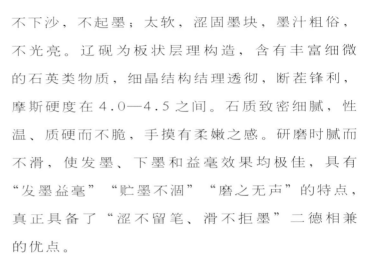

不下沙，不起墨；太软，涩固墨块，墨汁粗俗，不光亮。辽砚为板状层理构造，含有丰富细微的石英类物质，细晶结构结理透彻，断茬锋利，摩斯硬度在4.0—4.5之间。石质致密细腻，性温、质硬而不脆，手摸有柔嫩之感。研磨时腻而不滑，使发墨、下墨和益毫效果均极佳，具有"发墨益毫""贮墨不涸""磨之无声"的特点，真正具备了"涩不留笔、滑不拒墨"二德相兼的优点。

2．色泽典雅、纹理丰富

辽砚石材有多种颜色，石色丰富，有绿、青、黄、褐、紫、黑、红、白、黄绿、紫绿、紫黄绿等，七彩缤纷，但以绿色为主，主要包括黄绿、豆绿、灰绿和蓝绿色等，常给人以绀绿无瑕、色嫩且纯、温润如玉之感。

辽砚砚石绿色在可见光谱中，波长居中，所以在各高纯度的色光中，绿色是眼睛最能适应和最能得到休息的色光。绿色在书房中与笔、墨、纸搭配在一起，更显得高雅，富于生机，素静而不乏灵蕴。

再者，由亿万年来的海相泥沉积生成的辽砚砚石，纹理清晰丰富而多变，或纤细柔美，或笔挺刚劲，有的如随风飘动的丝带，有的如连绵不断的行云流水云和缭绕的云雾，其线条优美流畅，变化万端，有的如林海翠竹，妙意无穷，而生生不息，总体上体现出了柔和明快、沉稳内敛、雅致含蓄的迷人色彩。

砚石质地致密细腻，抚之光滑温润，轻轻

敲击，其音清悦铿亮，犹带玉石震颤及金属余韵，悠扬绵长，颇具"金声玉振"之感，优雅悦耳。

3．致密防冻，硬度适中

辽砚石材形成于关东高寒地带。独特的地理位置和地质环境，使辽砚石材深受关东冰雪河泉的浸滋和温润之气精养，所以其矿体砚材含有适量水分，大多数砚石经打磨抛光后，抚摩犹如少妇肌肤般滑润，呵气即有水雾凝珠可研；加之石质结构缜密，既不渗水，又不结冰，使之虽身处高寒高冷地带，却有不干不涸、防冻不冰、贮墨日久的优异特性。

关于辽砚石材的优异性，有人做了如下密度、吸水率、抗冻系数等检测数据，可资证明。

辽砚石材的特性表

测试项目	青云石石	木纹石	紫云石
密度	2.80	2.66	2.61
湿密度	2.78	2.67	2.64
吸水率／％	0.17	0.25	0.98
抗压强度（干）／MPa	121.20	96.66	78.13
抗压强度（湿）／MPa	116.43	91.46	70.66
抗冻系数	0.98	0.95	0.00
孔隙率	1.20	1.85	4.04
强度损失率／％	2.16	5.96	
软化系数／％	0.97	0.94	0.90
pH值	10.48	9.66	9.37
摩斯硬度	4.50	4.40	4.00
耐碱／％	99.95	99.96	99.97
耐酸	99.60	99.54	99.45
耐酸	99.54	99.63	99.94
光泽	油脂光泽	油脂光泽	油脂光泽

"五牛图"砚

当代 青瓷包金石 单体长15.5厘米 宽10.5厘米 高2.6厘米 紫霞堂监制

一组五砚。砚盒盒面分别取我国历史上的名画家唐代韩滉的《五牛图》中五头牛的形象精雕而成，造型生动，神形毕现。

从以上表格我们可以看到，辽砚石材密度高，石材的硬度，绿色至紫色的摩斯硬度为4.5-4.0，适合于雕琢。其抗压强度非常大，不易碎裂，质地细腻，受刀效果好，可以从各个角度进行雕琢；耐酸碱度强，吸水率低，抗冻系数小，冬季温度低时不影响使用。品质优良的依次为青云石、木纹石、紫云石。辽砚石材的油脂光泽更是国内其他砚石所不具有的一大特性。辽砚采用水平打磨会出现不同的水平层理、纹饰，采用垂直打磨会出现不同的刷丝和纹理。细腻的质地，俏丽的颜色，油脂的光泽，构成了辽砚石材高贵的品质。

（三）与"四大名砚"特征对比

符合制作砚石要求的岩石主要有板岩、千枚岩、粉砂质泥岩、粉砂质泥页岩、粉砂质泥灰岩、泥质灰岩、微晶石灰岩、含生物化石石灰岩、石英砂岩、大理岩等。从化学成分分析来看，砚石主要含 Al、Si、K、Cu、Fe、Mg、Ti、S 几种元素，其矿物成分主要是方解石、绿泥石、云母、石英、黄铁矿等。辽砚作为我国明清传统名砚之一，与中国传统的"四大名砚"端砚、歙砚、洮砚和红丝砚在性质和特征上有

仿康熙"葫芦"砚

当代 青云石、金包玉石 长16.6厘米 宽10.6厘米 高3厘米 富慧康监制

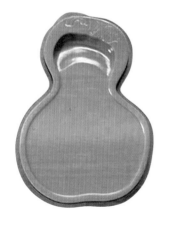

一些相似之处，其特征对比见下表。

砚种	材质特征	石色	主要矿物	粒径（mm）	石质结构
松花砚	微晶石灰岩	绿色、紫色	方解石、石英及黏土矿物	0.01—0.02	微细粒粉晶
端砚	泥质页岩、板岩	灰色、紫色	水云母类黏土矿物，石英、方解石	0.01—0.04	隐晶质、泥质
歙砚	粉砂质板岩	黝黑色、青黑色	蠕绿泥石、白云母、石英等	0.01—0.001	变余结构、显微变晶结构
洮砚	粉砂质泥板岩	绿色、红色	水云母、石英、绿泥石等	0.01—0.02	粉砂质结构、泥质结构
红丝砚	微晶石灰岩	紫绀色、砖红色	方解石、赤铁矿、石英	0.01	隐晶质结构、微晶结构

　　与四大名砚相比，辽砚岩石类型与四大名砚中的红丝砚岩石类型基本一致，均为微晶灰岩。砚石中的主要组成矿物的粒度大小相近，为0.01—0.02毫米，使砚石材料细腻光滑，易于发墨。加上砚石的石质致密细腻，孔隙度小，既不吸水，又不透水，因此它是理想的优质砚材。

五、辽砚砚石石病

　　俗话说"玉有瑕疵，金无足赤"，也就是说凡事没有绝对。砚石也是如此，也有各种天然瑕疵，这些瑕疵通常是在泥浆沉积的过程中形成，往往结构有别、形态不一，或软或硬，或碍于观瞻，或影响研磨，毫无定律。大凡石质砚材，常见的瑕疵有硬筋、断瑕、斑点、铜钉等。

（一）硬筋

　　硬筋又称冰雪石、玉瑕。色纯白，半透明或不透明。质坚硬如玉，硬度一般在摩斯硬度3—5之间，以2毫米左右的层状组织横亘于砚石肌理之中。如筋出现在墨堂，磨墨梗阻间隔，滑不发墨，为砚之大忌。对其如能巧用，仍可取得出人意料的效果。

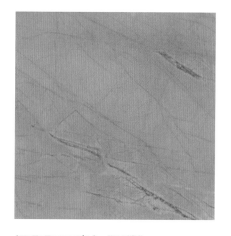

辽砚砚石石病之"硬筋"

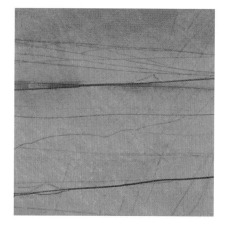

辽砚砚石石病之"断瑕"

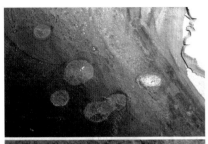

辽砚砚石石病之"斑点"

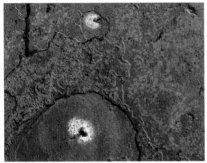

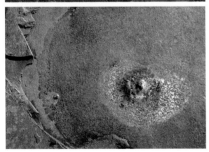

辽砚砚石石病之"铜钉"

（二）断瑕

断瑕又称杂线，是砚石中纵横交错的细线，粗细约在1毫米以下，硬度也与砚石母体差别不大，呈红、黄、黑、青色不等。因其走向隔断砚石纹理，犹如砚石的裂缝，故称断瑕。如出现在墨堂，对磨墨稍有影响。

（三）斑点

斑点与砚石本身形成明显的杂色对比，多呈黑、铁灰、青白、土黄等色相。它犹如树木身上的节子，不论雕刻、使用，都不理想。有些斑点酷似"眼"，眼边还有"圆晕"。

（四）铜钉

铜钉又称为金星点，是夹杂在砚石中的自然铜矿物相，直径在3毫米左右，矿物品位高，含量纯，其断面加工后闪闪发光。铜钉若出现于堂底，同样会影响发墨。精明的砚工通常以铜钉作为点缀物，使其恰似镶嵌在砚中的光彩耀眼的金玉。

五、辽砚砚石的其他用途

随着社会经济和传统文化的发展，人们对石头即石材加工制品的认识也越来越深，越来越广，艺术鉴赏能力也逐步提高，尤其在近几年砚文化的普及下，辽砚的盛名也日益扩大。质量略差的砚石废料、边角料也得到了充分的利用，有的还被加工成高档的艺术品，陈设在家中，十分雅致。所以，在当前辽砚的许多生产厂家也开始对砚材进行了市场化的开发和利用。

目前，辽砚石材早已不限于做辽砚，归纳起来主要有以下三种用途。

（一）观赏

分原石和加工的制品两种。

1. 原石盆景

即在自然界经风吹、雨淋、山间流水冲刷而成的岩石，因出自天然，奇形怪状，也称奇石。有人将其拼组成为假山盆景，可足不出户远离城市之喧嚣而尽得山水情趣，故深受广大民众欢迎。也有工匠将其稍加雕琢制成奇石砚的，所成之砚，其韵味大可与鲁砚中的"徐公砚"相媲美，大有苍天赋予的神韵，精妙无比的形态，为人工所不及，令人叹为观止。

辽砚原石山子

当代 青云石 长 47 厘米 宽 41 厘米 高 24 厘米 紫云堂监制

2. 其他观赏器

即以桥头砚石材加工成具有一定观赏性质的陈设品。典型的如插屏、挂瓶、壁画、摆件、各种牌匾等，或者可以欣赏利用材质特性雕琢成金石、书法、绘画作品，也可以材质本身美妙的纹理或者石品制作成供欣赏的石材画等，让人赏心悦目。

由辽砚石材加工而成的茶盘

当代 青云石 长 60 厘米 宽 50 厘米 高 6 厘米 紫云堂监制

（二）制作工艺品

也可分为几种，如家具类、盛器类等。

1. 家具类：如办公桌的桌面、茶几、古典家具、花台、花架等。

2. 文具、茶具类：如笔架、镇纸、

由辽砚石材加工而成的工艺品

当代　木纹夹青石　长38厘米　厚6
厘米　高32厘米　紫云堂监制

"思语"砚

当代　青紫云石　长18厘米　宽15厘
米　高4厘米　紫云堂监制

笔筒、印章、台灯、茶杯、茶壶、茶盘等。

3．实用器皿类：酒具、烟具、花瓶、健身球等。

4．小型工艺品：如挂件、摆件、小型工艺喷泉等工艺品。

（三）建筑装饰材料

由于辽砚石材是不可再生资源，在开发利用辽砚砚材的同时，也会产生许多的废料和品质较差的石料。这些石料在当地被很多人加工成为建筑装饰材料。根据材料的特性，其又可分为一般建筑材料和特殊建筑材料两种。

1．一般建筑材料

即直接用于垒墙的建筑材料或建筑外墙的装饰材料，如外墙、门桩的贴墙装饰，再如地面、台阶、人行道、园林曲道、窗台等建筑面的铺设等。这样既提高了石料的利用率，也降低了对环境的二次破坏程度。由于近年市场销路好，石材需求越来越大，石材装饰市场变化趋势最为明显，装饰豪华化、品种多样化、产品高档化、观赏高雅化、搭配风格化，石材生产深受国内外市场的欢迎。

2．特殊建筑材料

因云石具有防辐射的性能，故化验室、实验室、微机室、微波室、变电所、气象站、X光室、干燥室、电讯控制室、档案室、收藏室等，采用厚石进行装饰可得到既美观又防辐射，既经济又安全的效果。

第五章　辽砚雕刻的普遍性与特殊性

仿清宫松花石蟠螭砚

当代　黄松花石　长18.2厘米　宽12.3厘米　高4.8厘米　紫霞堂监制

此砚仿自清宫御用砚作，由盖体两部分组成。体厚，造型敦实稳重，琢制工整，砚盖与砚体可扣合，扣合严实。

仿清宫兽面纹砚

当代　紫云石、绿刷丝　砚盒长14.6厘米　宽10.8厘米　高2.9厘米　砚长13.4厘米　宽8.7厘米　高1.5厘米　顾福刚制

一、辽砚雕刻的普遍性

由于石质本身物理性质的优异性能和特殊性，石质砚自古便是制砚业加工制作规模最大、制作的范围最广、制作历史时间跨度最长、制作数量最多、使用人数也最多的砚，是当之无愧首选砚。也正是因为石质砚具有很多的共性和一定的差异性，所以其制作方法都大同小异。

辽砚具有优异的石质和实用性，所以在制作的方式和方法上，和我国众多传统名砚及其他地方砚种一样，也表现出了许多一致性和特殊性。

其中，一致性表现较多，多在前期的制作过程中，要经过包括采掘、搬运、选材、制坯、构思、取盖、合口、落图、雕刻、修光、上细、磨削、题款、上蜡、配盒等多道工序。根据辽砚制作流程和每个环节的工作重点，我们将其制作过程大致分为备料阶段、维料阶段、雕刻阶段和装饰阶段四个部分。

（一）备料阶段

它是指制作前材料准备的过程，包括砚石的采掘、搬运、切割等工序。

由于辽砚砚矿多呈分层状结构，所以都得先剥离矿石表层的积土层，然后以钢钎在石层的缝隙中搋入，一层层剥离的方式进

行采掘。早期曾用爆破的形式开采过，后因爆破使砚石内部产生了许多裂缝，造成大量砚石资源的浪费而最终被放弃。目前，在本溪市政府的监管下，许多采石工多采用钢钎揳入剥离的方式采掘。

切割是将体量较大的砚矿石材分割成适当大小的过程，一般用电动的台锯、切割机和手持的便捷式电动工具切割，它们操作起来简单方便。

（二）维料阶段

1．维料

维料包括选料和制坯两个环节。砚工在刻砚之前，首先要按要求对砚石进行分类拣选。其目的有二：一是因每块砚石的形状、色泽、体表特征均不同，需要挑选适合设计题材的砚石以备雕刻；二是将有裂隙、有石病的砚石挑出来另行处理，尤其是前者，膘皮的利用更是选料时应注意的，因为膘皮色彩丰富，硬度适中，在雕刻时往往可起到画龙点睛的效果，故而选料时十分讲究。巧用膘皮自古便是砚雕工艺技法的重要特征。如

备料阶段之采料

备料阶段之集中待运

备料阶段之存放

维料阶段之整料

维料阶段之拣选

维料阶段之切割

何使用砚材，让天然石形与后天人为雕琢天人合一，是衡量一位砚工技术水平高低的重要标准，有"七分构图，三分雕琢"的说法。

选料的方法讲究由外而内。外是讲外形，即先要察看砚石的块度，要有适当的大小和厚度，要考虑一块石上又可取下砚盖，确保底、盖的石质、石色、石纹统一。其次要看石膘，石膘的分布面积越大、膘色越艳、膘层越厚越理想，这样可设计较为复杂的立体造型。再次要看内部有无裂隙，即将选好的砚石浸入水中，洗净表面的泥土污垢，浸一段时间再看，除了看细腻程度、石色等以外，要看看是否有瑕疵或者瑕疵在砚石中的位置。更为关键的是要检测砚石的完整性，看有没有掘采时造成的破损或裂缝。检查裂隙的方法除了看以外，还可以通过声音去辨别。砚石声音清越响亮，发出瓷器般细腻的声音者，石质纯净润朗；发音低沉松散，明显带有破瓦片声音者，石质粗糙，且通常带有石瑕，甚至还有裂缝。

出坯是制作砚坯的雏形，也分两个环节。其一是"相石"，即观察砚石具体适合做成怎样的造型或者表现怎样的纹饰题材，也就是砚工常说的"琢磨砚石像什么""能做什么"或"做什么能成最好的砚台"。砚雕者通常将这道工序称作"审石"或"读石"。审石、读石是一个反复观察构思的过程，有的砚雕艺人为了不浪费一块难得的砚料往往思忖数日、数月甚至几年，并不急于剥凿取舍，仓促奏刀。只有这样，才能雕出理想的佳作。出坯的第二个环节是根据构思的造型和纹饰布局，一般先用刀尖刻出粗线条及草图的轮廓，然后根据砚石的厚薄，表面的形状，石膘的位置、层理、颜色，石纹线条的特征等构图。

2. 取盖

取盖包括"取"与"配"。"取"是将一块整体的砚石依色剖开，"配"指砚底和砚盖合二为一。通常情况下，为确保砚的整体性，一般取料时会特别注意砚、盖石料的质地和颜色的统一，如果可以用同一块砚石截取最为理想。也有部分砚台的底、盖用两块质地相近的砚石配制而成。

取盖一般在砚石较厚的部位与下堂同步进行，将墨池的上半部截下做成盖。也可另选砚石搭配，另选配盖的砚石，必须对照既有的砚堂肌理选取。配盖的做法既省工，又能利用一些薄片砚石和下堂取出的堂心碎料。配盖要精心选择，处理得当，才能使盖与砚底合二为一，达到珠联璧合的效果。

3. 落图

落图是将出坯时的构思或设计稿勾画在砚坯上，这是一道衡量砚雕艺人艺术水准高低的程序。在这一环节，即使是技艺高超的砚工，不用画稿即兴雕刻，也要用刀尖在砚坯上勾画出粗略的图案线条，作为雕刻的意象轮廓。落图一般是以线的形式完成的，是用毛笔或黑色笔勾出设计稿的轮廓线条。同时还要注意，在雕刻过程中，要随时根据砚坯的雏形、色泽和色块的面积大小来变化，为实现纹饰图案的雕刻，做进一步修改完善设计图案的思想准备。

维料阶段之取盖

维料阶段之整平

维料阶段之落图

雕刻阶段之粗雕一

雕刻阶段之粗雕二

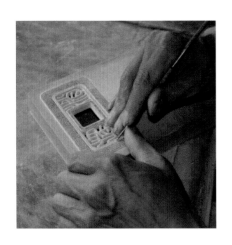

雕刻阶段之粗雕三

（三）雕刻阶段

1．雕刻

辽砚雕刻的具体方式应分几种情况，其一是基于清宫御制松花砚的雕刻制作，因为对材质、工艺的要求较高，制作时间较长，目前此类砚式生产量不大。其二是当前民间十分盛行的高浮雕或者镂空雕的方法，目前，此类砚式的生产较为广泛。其三则是以方圆等几何形为基本造型的砚式的雕刻，目前此类砚作的生产较少。我们以当前流行的雕刻方法为例，试做以下说明。

辽砚的雕刻顺序是：先主题，后装饰；先砚底，后砚盖；先图案，后文字。图案雕刻的规律普遍是先大后小，先粗后细。如人体先雕身体、衣服，后雕五官表情；鸟雀鱼虫先雕体态轮廓，后雕羽毛鳞甲；花卉树木先雕主干，后雕花瓣花蕊。只有在雕刻前明确立意、厘清纹饰雕刻的顺序，从全局出发，由粗到细，由大到小，按序雕琢，所雕出的物象才能圆润丰满，形象逼真。

辽砚雕刻的表现形式有很多，有高浮雕、浅浮雕、镂空、俏色、线刻等几种。浮雕是一种减地雕刻的表现形式，即在平面上将表现的图案或纹饰预留出来，将其周围的部分雕去，使其凸起从而得到丰满和立体的形象。浮雕依其减地深浅的不同分为浅浮雕、高浮雕。浅浮雕起位较低，形体压缩较大，平面感较强，更大程度地接近于绘画形式。高浮雕起位较高、较厚，形体压缩程度较小，空间构造和塑造特征接近于圆雕，甚至局部完全采用圆雕的处理方式。浮雕的应用范围十分广泛，可表现山水、建筑、人物、花鸟等各种画面或者图案。在辽砚制作雕刻方面，浅浮雕一般结合俏色出现，所表现的纹饰图案在底色的映衬下，显得十分突出，具有鲜明的艺术效果。高浮雕是辽砚目前最具代表性的表现手法。其表现形式多结合所表现纹饰或内容的特征进行，一般顺序是边缘石基部——浅浮雕——高浮雕——透雕——圆雕。如雕一棵古松，通常的处理方法是根部和部分主干运用浅浮雕，中部运用高浮雕，枝叶悬空做透雕，间或还将树梢、松果、松鼠、鸟雀处理为圆雕。又如鱼龙图案中的鱼和龙，龙身半隐云端，龙头探向海面，鱼儿也将跳出水面，若即若离。雕刻者就将龙处理为透雕，鱼儿处理成高浮雕，海浪、水波则为浅浮雕。辽砚的单体砚和一些长方形盖砚图案，大部分是浮雕，它们构图巧妙，层次明显，错落有致。

浮雕适合于表现人物、远景和大面积且附着力强的部分。辽砚的浮雕部分，多以高浅结合的形式出现。尤其是主题图案，一般都采用逐渐过渡的雕刻技术。

透雕也是目前辽砚雕刻常用的一种表现手法。即为了充分表现所雕内容的立体感、层次感，必要时将不同层次间的连接部位掏空，以表现所雕刻内容的整体造型。透雕一般表现的内容比较多，也较为复杂。辽砚中最典型的是龙凤图案，龙或龙头部分都经过镂空后盘旋于云朵之中，时隐时现。云朵也与龙体同时悬空于水池之上，仅于边缘部分才与砚体底座有几处支点相连。再如

雕刻阶段之粗雕四

雕刻阶段之精细雕刻

雕刻阶段之合口一

雕刻阶段之合口二

雕刻阶段之合口三

雕刻阶段之盒面设计

松枝及斑驳的树皮，细微的枝叶，花瓣花蕊，虫鸟的羽翅、爪，都要用镂空的技艺去完成，去表现。

透空是透雕技艺的重要环节，通常要经过钻、凿、铲三个步骤来完成。钻是根据所表现内容将应镂空的部分用大小不同的钻头打通；凿是将钻透的孔周围需要剔除的部分用凿刀去除；铲是将凿去的毛面铲光，还要铲去平孔和斜孔中多余的部分，同时清理透空图案基部的低凹处。透空工艺是砚雕中最重要，也是最容易损伤砚坯的一道工序。虽然与玉雕的难度系数相当，但玉石的硬度高，结构紧密，劈理不发育，不易开缝、折损、破裂。相比之下，砚台的透空工艺难度更大。

2．合口

合口是将砚底、砚盖相扣合的一道制作工序，是使砚身与砚盖的盖合达到严实无缝且启合自如的一种特殊工艺。合口讲究平、光、严。

平，是无论怎样转动砚盖，它都平稳而无翘角。检验的方法是在砚的不同角度用手指轻按，如果稍有不平，则会发生轻微的晃动碰撞。真正平稳的合口，不论怎么样启合，还是在砚盖的任何角度用手轻按，都不会发出一点声响。

光，是指砚底、砚盖的扣沿光滑。砚盖的边缘凸出部分称母扣，墨池边缘的凸起部分称子扣。扣合时，子扣外缘套母扣内缘。母扣和子扣相互扣合的石圈边缘，必须平整光滑，否则会扣合不严密。

严，是合口严实紧密，这是合口的最终目的。砚底、砚盖扣合严丝合缝，无松动感。

合口的工艺常常以盖合后的紧松程度和相吻合的严密程度为第一检验标准，它也是衡量和检验一个辽砚砚雕艺人技术水平高低的尺度。在这一标准之下，一些有名的雕砚艺人的合口工艺，在辽砚成形后就达到了一定的工艺高度，其合口在开启时虽然感觉很紧，但不至于相互磕碰，开启也不费力，还会听到空气压缩产生的轻微声音。正是在这样的工艺标准下，辽砚砚雕艺人通常在授徒之时，就用合口的吻合程度作为标准，衡量徒弟技艺的优劣，甚至作为是否出徒的标准。

雕刻阶段之精细打磨

3. 打磨

打磨的工序分粗磨、细磨两个环节。

粗磨是将雕好的砚台的砚底、砚边、砚堂、砚盖等大面积部分在钻、铲、凿、刻过程中残留的痕线清除锉平；细磨是用细锉刀、细油石和各种型号的砂纸仔细研磨，彻底清除砚面与图案无关的细微线条，包括粗磨留下的痕迹。打磨的结果是砚石手感越滑腻，石纹显现越清晰越好。

（四）装饰阶段

1. 刻款

装饰阶段之刻款一

刻款是指镌刻制作者的姓名或堂号，如中国书画作品中的题款一样，有作者认可、确认的作用，但也起类似商标的作用。同时，还有在砚面纹饰布局中使其平衡的作用。刻款的内容一般有制砚艺人的姓名、堂号或标识以及制砚时间，有的还会刻上砚种的名字，如"辽砚"二字。有的还会刻上一些名言警句等。刻款表现的形式一般是阴文，鲜有阳文；书体以楷书、隶书、行书居多，

装饰阶段之刻款二

装饰阶段之上蜡

装饰阶段之传拓

装饰阶段之包装配盒

有的则刻篆书、金文、甲骨文等较不易辨识的书体。刻款一般由有一定书法修养的人书写镌刻，只有这样，刻款才可以以严肃的形式表达作者严谨的工作态度，才能起到点缀和装饰砚面的作用，才能与优秀的制砚艺术相辅相成、相得益彰，甚至锦上添花。

2．打蜡上光

为砚台打蜡上光是当今制砚界极为普及的一道工序。其作用主要是避免砚台在成型失去水分后使纹理色彩失去原有的光泽。为了使砚台长期保持鲜亮的石色和纹理，使纹理更加清晰，一般都采取了类似的打蜡上光的办法。打蜡一般使用蜂蜡，其方法是打蜡前先将砚台煨热，然后用蜂蜡薄薄地涂抹上一层，待蜡液再次冷凝后，就已严实的包裹住了整个砚体，不仅起到了美化的作用，同时起到了保护作用。

打蜡上光的方式方法较多。除了煨热上蜡外，还有蒸煮的方式。即将砚石用蒸汽加热，当气温上升，石材温度均匀之后，其体表上的水分就会自然蒸发，可以趁砚体的余热尚未降温时及时上蜡。除上蜡以外，有的地方还采用上油的方法，即将砚体表面涂抹适量的油脂类溶液也可以长期显现砚体的颜色和纹理。其所用油脂种类较多，有植物类的毛桃油、胡麻油、菜油、核桃油等，还有用小孩护肤用的宝宝护肤霜等。

3．制盒包装

制作砚盒是砚台加工制作环节中的最后一环。其主要目的是为了保护砚台，使其在销售运输的环节中不至于遭受损伤和破坏。砚盒的形式也有很多，有简单的锦盒，还有较为高档的木盒等。但也有先将砚置放于木质的砚盒内，再用锦盒保护的。辽砚的包装大多以木盒为主。普通木盒材质有松、榆、柳、杏木等，也有用根雕木盒的。现在常见包装盒上的"中国辽砚"款识，出自著名画家冯大中先生手笔，它成了品牌标识。

寿纹如意砚

　　当代　水岩坑绿刷丝石、金坑金包玉石　直径 15.6 厘米　高 3.2 厘米　紫霞堂监制

二、辽砚的特殊性

（一）石砚石盒利于使用

　　与其他传统名砚比，辽砚不仅在石材、实质上具有独特性，其组合式结构也与众多名砚略有不同。具体表现就是辽砚一般都带有砚盒，而且同是以当地的石材加工而成。这一点，在《品埒端歙———松花石砚特展》一书中我们就可以看到，许多砚和砚盒都是以桥头石加工而成，极为精美。除了具有美化装饰的作用外，辽砚的石质砚盒还具有防涸防尘、涵养墨液的作用。我们知道在我国北方，夏季炎热，冬季寒冷，为了防止夏季墨液水分的蒸发，冬季墨液结冰凝固，或是灰尘虫草落入砚池，为砚加盖就成了一件极为重要的保护措施。

云龙纹暖砚

　　当代　青云石、紫云石　长 15.9 厘米　宽 10.7 厘米　高 5.8 厘米　紫霞堂监制

长方形"衣锦还乡"多功能砚

民国 青紫云石 长25厘米 宽11.5厘米

此砚以桥头青紫云石雕制而成，与日本同时期"莳绘"砚箱结构相似，都设有置放砚体、水盂、毛笔、墨条等物的槽盒式多重结构。

长方形多功能组合砚

民国 青紫云石 长23.6厘米 宽14.5厘米 高4.5厘米 引自《关东辽砚古今谱》

此砚以桥头线石制成，内设有置放砚台、水盂、毛笔的凹槽，结构与同时期日本流行的"莳绘"砚箱相似。砚盒面刻有"麟翁夫子大人雅鉴，落霞与孤鹜齐飞，秋水共长天一色，生刘定福谨赠"字样，砚背刻有"月川兄分袂纪念，弟子奇敬赠"等内容，当为日本殖民本溪时期以桥头石制砚的典型砚式。

作为辽砚制砚艺人衡量艺术水准高低的重要标准之一，为砚台配上精准且精美的砚盒，一直是本溪桥头制砚人的优良传统并传承至今，这也使辽砚不仅与众多名砚相比在结构组合上极具特殊性，就是在数百年来的工艺传承上也与众不同。

（二）组合式结构独特

从目前销售市场看，辽砚在造型结构上总体上可分为四种。第一种是利用天然成形的石材"因材施艺"的砚雕作品，通常是由砚雕艺人对其造型进行高度的艺术提炼和加工，形成半璞半雕的粗犷的艺术风格。第二种是承袭清宫御砚的结构、纹饰，取材考究，造型小巧，雕琢精美。第三种是由清末民初传承下来的多功能组合砚。目前这种砚式生产量较大，有桥头传统制砚的地方特色。第四种是在清宫御砚基础上发展而来的创新砚作，造型新颖别致，令人耳目一新。此类砚目前生产数量很少，仅有个别砚雕艺人从事生产。

厘清辽砚的造型风格后，我们以生产数量较大且最具桥头制砚特色的多功能组合砚为例，对其特殊性进行适当分析和探讨。

　　姜峰先生在《古今谱》一书中，言组合砚"组合起来为一石盒，可满足用砚人的多种需求。有人说，这种性质的砚是受日本砚的影响而制。此说大谬！应该说是中国辽砚的这种器形，影响了日本、韩国的制砚。"书中还列举了《家宪藏砚》一书中的"北魏时期的方形粉砂泥灰岩石砚"和另外一方"辽大同二年龙凤套石砚"二例。然而事实却未必如此。有资料表明，在日本人实行殖民统治时期，日本人不仅掠夺本溪的矿产资源和农林资源，还对本溪砚石资源也实施疯狂的掠夺。在此期间，日本人不仅在当地开设生产砚台的作坊和销售铺子，还将大批砚石运回日本进行加工和销售，并以"辽砚"之名近销日本内地和我国日伪地区，远销菲律宾、新加坡、马来西亚等东南亚国家和地区。

　　这种以日本人为主导力量的加工、生产和销售的经营模式，不仅是日本掠夺资源的具体表现，同时日本人也在由其主导的生产环节注入了日本的一些文化习俗。而以桥头石为材料的多功能套砚就是其具体表现之一。

　　我们可以认为，在辽砚在自身发展过程中这一特殊的历史时期，以桥头石制作的多功

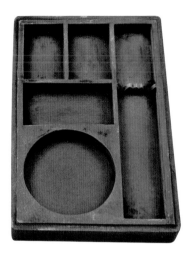

长方形青紫云石"松鹰"砚

　　民国　紫云石　长17.7厘米　宽11.7厘米　高3.2厘米　引自《关东辽砚古今谱》

　　此砚以桥头线石制成，内设有置放砚台、水盂、毛笔的凹槽，其结构与同时期日本流行的"莳绘"砚箱同出一辙。砚背刻有"赠：祝出征须田与太郎君。满洲国本溪湖煤铁公司发电所一同"字样，当为日本殖民本溪时期以桥头石制砚的典型砚式。

圆形双"喜"字淌池砚

　　民国　紫云石　直径约14厘米　高2.8厘米

　　此砚以桥头紫云石制成，由砚盖和砚身两部分组成。包装盒上写有"紫云石制御砚""满洲唯一名产"和"满洲安奉线，桥头驿前，白云堂监制"等字样。其结构简单，当为日本殖民本溪时期外销砚台的主打产品。

日本"莳绘"砚箱

17—18世纪 此砚箱设有放置砚体、水盂、毛笔等物的多重结构。

日本"莳绘"砚箱

17—18世纪 长23.5厘米 宽21.5厘米 高4.5厘米

此砚箱设有放置砚体、水盂、毛笔等物的多重结构。

能组合式套砚，在日本政治、经济、文化强势主导的历史背景下，被动地融入日本漆器"莳绘"工艺，并在"莳绘"组合式砚箱的基础上，结合桥头青紫云石即为一个密不可分整体又具有不同分层石色的特点，在这一时期出现了新的特点，是一种融入性的创新和发展。

莳绘是日本传统漆器工艺，其最早源于我国唐代漆器的制作，至江户时代（1603—1867）发展到顶峰，产品以日常食具、用具、装饰工艺品为主，涉及面极为广泛，多功能用途的砚盒就是其中之一。日本著名的"舟桥莳绘砚盒""樵夫莳绘砚盒""八桥莳绘砚盒"和"住之江莳绘砚盒"等，成为这一时期最具影响力的莳绘漆艺传世之作。

日本莳绘砚盒均为长方形，圆角，主体由盒身和盒盖两部分组成，其中盒身内部就设有放置砚台、砚滴、毛笔、墨锭等物品的小间隔，其中大部分设计有呈凹陷式的置放槽。盒身通体及盒面则以日本传统"莳绘"工艺制作，纹饰极为精美，深受人们欢迎。由于可装置的文具较多，功能多样，体积较大，多功能的套砚又称之为"砚箱"。

从18世纪末到20世纪初，本溪正处于日本人的殖民统治之下，在具备了桥头石砚材资源和成熟"莳绘"工艺两个必要条件的前提下，本溪桥头组合式多功能砚在这一特殊时期的生产和销售就成为一种必然。与日本"莳绘"砚盒不同的是，组合式多功能桥头砚不论是外表的装饰还是内部结构都已大为简化。如砚盒盒面尽可能利用青紫云石的石色进行俏色，饰以山水、龙凤等，内部构造则以整块石料为基础，将置放砚滴、印章等文具的部位分割成若干区域挖成凹陷式的空间，形成整个砚盒的内部结构。有的还在盒面或者盒底镌刻上制作时间等文字内容。

"四灵"暖砚

当代　老坑白松花石　黄松花石　小黄柏峪坑绿刷丝石　长14厘米　宽14厘米　高13厘米　冯军涛制

"兰亭"多功能组合砚

当代　黄松花石　小黄柏峪坑绿刷丝石　长25厘米　宽16厘米　高11.3厘米　紫霞堂监制

此砚设有砚盒、砚体、砚床等多重结构。

　　新中国成立前后，这种曾经产生过一定影响的组合式多功能砚仍有生产并有所创新。随着近十几年砚文化的普及，辽砚出现了诸多造型风格，而组合式多功能砚因是特殊时期的产物却一直未能受人正视，甚至为人所不齿，成为我国砚史上的一个特例。

　　今天，这种组合式多功能砚又有了创新，已由早期制作的单体多功能砚、双体多功能组合套砚发展成为多体多功能套砚，有的还开发出大砚套小砚的三层套砚，而每层砚的雕制又与整方砚浑然一体，可谓砚中有砚，景中有景，不仅拓宽了套砚发展的立体空

间，强化了实用性，还使其具有极强的立体美感和观赏性，成为辽砚的造型、结构、性能特殊的又一创新。

（三）纹饰具有东北民俗特点

雕刻纹饰是砚台重要的装饰形式之一。不同的地域有不同的地域文化和审美情趣，当人们习惯性地将地方文化和审美情趣通过具体形象和图案表达出来的时候，经过一段时间沉淀后，这些图案和纹饰就成了这一地区的纹饰特点。

前文已述，目前辽砚的造型风格大致分为四个类型，而这四个类型的砚台则分别与清宫御砚纹饰、地方特色纹饰、传统吉祥纹饰等装饰纹样配套使用。

1. 清宫御砚造型纹饰依然盛行

受清宫御砚风格和当今销售市场的影响，辽砚在造型及纹饰方面，都在相当长的一段时间内保留和延续了这一优势。

《品埒端歙———松花石砚特展》一书中这样说清宫御砚的纹饰："故宫所藏康熙朝松花石砚与盒之纹饰以仿古纹饰为多，例如砚面周缘琢饰勾云纹或回纹，砚池下方常浮雕独立纹饰，有异兽、夔、龙、凤、蝙蝠、云纹等，也有瓜瓞、石榴等。"在书中的图版部分，还展示了许多以青铜器、玉器纹饰演变而成的夔纹、龙纹等，雕饰和砚盒盒面与砚体的周缘，古香古色。传统图案式纹样在清宫御砚

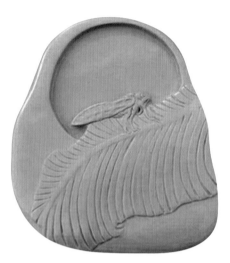

"一鸣惊人"砚

当代　松花石　长28厘米　宽18厘米　高3.8厘米　富慧康监制

仿清宫"庆寿"砚

当代　紫云石、绿刷丝　盒长17厘米　宽11厘米　高2.8厘米　砚长16厘米　宽10厘米　高1.6厘米　顾福刚制

砚盒采用紫云石雕制而成，并嵌黄色寿字，砚盖上方雕两螭纹，下方雕一磬，龙尾与桃磬相连，有螭龙庆寿之意。砚身用绿刷丝雕制而成，乃浅绿带土黄色刷丝纹。

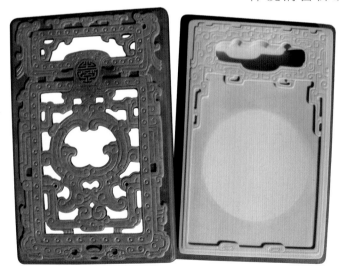

的砚体和砚盒上应用较多。除此之外，还有许多砚盒采用以画入砚的形式，在砚盒上以工笔写实的手法表现了松、竹、梅、瓜果、荷花等植物，而且还有工笔绘画手法的松鹿图、鱼藻图、芦雁图等小景。

"夔凤"纹砚

当代　绿刷丝石　长13.5厘米　宽8.6厘米　高1.6厘米　紫霞堂监制

这些纹饰都是在清宫造办处经过层层筛选而雕琢的，构图和雕琢都极为考究，是清宫御砚装饰的主要内容和重要表现形式。在当前倡导文化振兴的前提下，在市场经济的作用下，具有清代皇家血脉的一部分辽砚作品，具有典型清宫御砚装饰纹样的辽砚依然深受广大砚台爱好者的追捧和喜爱。

2. 地方特色纹饰别出心裁

地方特色纹饰也是辽砚装饰的特点之一。本溪桥头处于满族、朝鲜族和汉族等多民族的集聚地，各民族相互影响、相互学习、相互融合，又形成了本溪地域独有的以汉文化为主的多民族文化特色。民族文化是丰富而多元的，是滋养辽砚雕刻艺术的土壤和无尽源泉。本溪民间独特的风俗习惯，神秘的宗教礼仪及神话故事等文化遗产，又为辽砚的艺术创作提供了丰富的素材。

"东北人家"砚

当代　木纹夹青石　长18.4厘米　宽12.5厘米　高4.1厘米　紫云堂监制

在辽砚砚雕纹饰中，表现出地方特色的纹饰内容主要有山川景色类、植物类、动物类、器物类等几个类别。其中山川景色类包括："长白山""林海雪原""本溪溶洞""东北民居""沈阳故宫""五女山""太子河"，还

"水洞奇观"砚

当代 青紫云石 长37厘米 宽14厘
米 高10厘米 紫云堂监制

"晨曦"砚

当代 松花石 长34厘米 宽18厘
米 高3厘米 紫云堂监制

有朝鲜民族喜爱的"天池"等，均以东北或者本溪当地的山川景色为表现内容，具有极强的地方艺术特点。动物类纹饰所占比例较大，有"鲤鱼""松鹿""松鼠""芦雁""骏马"等，都是东北或本溪常见的动物。植物类纹饰则有"枫叶""葫芦""花生"等，变化多，应用广。除此之外，还有一些东北和本溪农村早期常用的一些器物，如"石碾子""笸箩""簸箕"等，地方特色鲜明，有的还具有浓郁的乡村气息，极大地丰富了辽砚的装饰题材和装饰效果。

3. 传统吉祥图案应用广泛

在辽砚装饰纹样中，民间广为流传的传统吉祥图案和纹饰也深受大众喜爱。这些吉祥纹饰是我国传统文化中的重要组成部分，因其寓意祥和、美好而应用十分广泛。这些纹饰又可分为神话类、吉祥器物类、动植物组合类、历史人物类和文字类等几个类别，其中神话类人物和龙凤等表现得最多。如神话人物就包括有"观音送子""八仙庆寿""八仙过海""三星高照""关公夜读""牛郎织女""哪吒闹海""大闹天宫""嫦娥奔月""女娲补天""后羿射日""瑶池盛会""麻姑献寿""白蛇传"等，龙凤类则如"龙凤朝阳""丹凤朝阳""二龙戏珠""苍龙教子""独龙探海""四龙竞雨""五龙闹海""九龙戏日""凤穿牡丹""龙凤双飞"等，内容较多，不一而足。

另外，如"桃园三结义""文王访太公""文成公主""武松打虎""苏武牧羊"等，多以历史人物和戏曲人物为主，形式多样。吉祥器物类主要以宗教题材为主，包括如"佛八宝""仙八宝""八吉祥"等。动植物组合类是以当地景色、动植物及农作物为题材雕刻的纹饰和包括以音取意的一些吉祥纹饰，表达了人们追求美好生活的愿望，是吉祥纹饰中最为常见的题材。此类有"五福棒寿""恋子双鱼""三阳开泰""喜上眉梢""八鹿庆寿""鱼跃龙门""鱼龙戏水""松菊延年""花好月圆"等。

除以上之外，还有一些古代书房常见的文人题材的纹饰，如四艺之"琴棋书画"、借物喻人的"岁

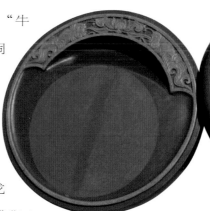

"年年有余"匣式砚

当代　紫云石　直径15厘米　高4.5厘米　顾福刚制

砚取传统圆形匣砚之形，盒面刻两条肥大的鲇鱼以示"年年有余"之意，再加上"紫气东来"之紫云石和团团圆圆的砚形，可以说既实用，寓意又好，又有欣赏价值。

"枫染秋山"砚

当代　青紫云石　长17厘米　宽12厘米　高3厘米　紫霞堂监制

此砚以当地枫叶为盒面纹饰，借以清宫御砚制式，恰如其分地展示了"枫叶之都"的魅力。盖面镌"枫映溪山霞光染，俞青刊铭"。

龙纹呈尊砚

当代　线石　长29厘米　宽19厘米　高4.5厘米　王德昌制

饕餮纹砚

当代　豆绿松花石　长13.4厘米　宽8.7厘米　高1.5厘米　赵革制

寒三友"等。

还有文字类纹饰则如"福"字、"寿"字、"喜"字等纹饰，有数十个门类的数百个纹饰和图案在当前辽砚雕刻中成为辽砚纹饰的表现内容。

4.古代青铜纹饰

辽砚在清末民初，多取青石仿雕刻青铜纹饰，至今仍有雕刻应用。例如王德昌先生就十分擅长雕刻青铜器造型纹饰；另外，故去不久的冯军先生在早期也曾雕刻过鼎等青铜器造型纹饰，很受欢迎。现今，辽砚新秀顾福刚也常常将青铜器或青铜器上的纹饰应运于辽砚的雕刻中，韵味十足，形成了辽砚又一独特的装饰手法。

（四）特殊的开锋方式

因为后期打磨过于光洁和封蜡两个原因，使新制成的砚台需要在使用前开锋，方能正常使用。一般制砚的细致打磨就是为了突出展示砚面光洁、漂亮的视觉效果，会用高标号的水砂纸将砚体打磨得极为光滑而无法研磨，故而需要开锋，将砚堂中央部分重新打毛，打磨成适宜研磨的粗糙效果以利于研磨使用。这一点在《品埒端歙———松花石砚特展》一书中就有许多案例，砚堂中央部分呈现出椭圆形淡淡的白色，都是开锋后的效果。这种奇特的开锋方式是松花砚和辽砚所独有。

辽砚开锋大致需要几个过程。

1．工具及材料

剪刀，签字笔，水少许，研磨砂少许（也可以是河沙），一小块泡沫地板块（或橡皮或橡胶块），不干胶塑料纸。

2．开锋前的准备

根据砚面大小和砚堂的形状，在不干胶塑料纸上用签字笔画出砚堂研磨位置的形状，再用剪刀将研磨的形状剪掉，保留四周空余部分。将不干胶背面的纸撕掉，并依设计位置将不干胶紧贴于砚堂中央，粘贴时要平整牢靠。

3．开锋

将研磨砂洒在砚堂中央需要研磨的地方，以泡沫块沾少许水开始研磨，逐步用力，直至研磨到所需的粗糙程度即可。

4．清理

研磨结束后，要将残留在砚堂中央的研磨砂用水冲洗干净，并检查是否达到预设的效果。达到了的话，撕去不干胶冲洗干净砚即可。如果不足，可按上述步骤重复研磨直至满意，然后撕去不干胶冲洗干净砚。

（五）开封、开锋与启锋

除开锋外，辽砚还会在成砚之后封蜡，以展示辽砚的色泽、纹理。然而封蜡与水墨相拒，无法使用，这就需要启封，就要先将砚堂中的油脂或蜡层打磨除去，清洗干净，以便用墨锭研墨时受墨。这一步骤也称为"开封"。

开封的方式有两种。一种是用水砂纸蘸水仔细打磨，除去砚体表面的封蜡。另外一种方式是

准备材料和工具

贴好研磨范围

研磨

检查研磨效果

研磨后的效果

清洗后完成开锋

根据蜡的热融性特征，将砚置于水中，或蒸或煮，用高温使其通体的封蜡融化，自行脱离。在民间，这两种方法都十分盛行，效果也不错。

还有一种情况叫重新启锋，就是砚台在使用一段时间后，砚堂中央就会锋芒尽失，过于光滑而不利于研磨使用，业内称之为"失锋"。造成这种失锋的多半是墨锭含胶量过重，砚堂疏于清洗，因胶合而退锋。清人施闰章《砚林拾遗》说："砚有初发墨，久用钝者，亦为刀剑，须磨淬，用杉木松炭磨一遍，则石锋焕发，名为发砚。"或用磨光的瓦片轻轻擦磨砚堂产生麻面，或用姜汁浸之、莲房擦之，均可重新启锋。

今人启锋可用适当标号的水砂纸蘸水轻轻打磨，使之重新启锋，也可以将杉木烧成木炭粉末加水，以毛刷磨砚石砚堂数遍，然后用清水洗涤干净，即可发墨。

第 六 章 ○ 当代辽砚生产概况

仿清宫双葫芦砚

当代 绿刷丝石、紫云石 长7.6厘
米 宽6.1厘米 高2.3厘米 紫霞堂监制

冯军先生

一、辽砚的恢复与生产

（一）恢复辽砚生产的关键人物——冯军

冯军（1961—2015），祖籍辽宁昌图，辽宁本溪紫霞堂主人，恢复清宫御制松花砚的第一人。自幼酷爱书法、绘画，早年曾学习木雕工艺，1980年涉足砚雕制作行业，1995年任本溪市三建公司总经理，1998年创立集辽砚制作、加工、销售于一体的"紫霞堂"。在生产加工辽砚的过程中，在多年对辽砚相关信息的收集、整理和筛选过程中，冯军对相同砚材的松花砚却有不同的命运产生了疑问，遂开始了对松花砚的研究和考证。2003年，冯军在北京

偶得的《品埒端歙——松花石砚特展》一书，使困扰于辽砚和松花砚之中的冯军豁然开朗，他果断决定开始恢复御制松花砚的制作。经过两年多时间艰苦卓绝的工作，冯军成功地恢复了清宫御制松花砚的生产，使失传200余年的清宫御制松花砚重返人间。2007年4月，冯军随本溪清宫松花砚考证课题组赴台北"故宫博物院"进行学术交流，展示了紫霞堂高仿的几方康、雍、乾三朝松花石砚，深受嵇若昕等台湾专家学者的赞誉。嵇若昕赞叹道："紫霞堂的松花砚制作水平，已不在昔时宫作之下。"原本溪政协副主席、辽砚文化史专家、《古今谱》的著者姜峰先生在书中这样评述："制砚界应向辽宁本溪紫霞堂主人冯军学习，在时下制砚艺术风格趋同化的大趋势中，他始终保持清醒而独立的思考，以曾是清宫制松花石御砚的供石地之一的本溪南芬、桥头砚石为资本，耗数十年时光，苦研宫廷制砚工艺，终使湮没百余年的清宫御用松花砚在本溪重光。他深解古人制砚之奥，是为了切实地继承，博采众家之长，是为了强化宫廷砚的独特个性，高仿不失毫厘，创新不丢脉络，为国家、民族守护这一珍贵的遗产，让这珍贵的遗产闪烁耀眼的光彩。"

冯军恢复御制松花砚取得了极大的成功，不

仿清宫蟠螭砚

　　当代　金包玉石　长18.4厘米　宽12.5厘米　高4.1厘米　紫霞堂监制

仿清宫文字砚

　　当代　紫云石、金包玉石　长14.6厘米　宽10厘米　高1.5厘米　紫霞堂监制

中国名砚

仿清宫"龙凤"砚

当代 砚体绿刷丝石 砚盖青紫云石 砚底金包玉石 长16.5厘米 宽13厘米 高4.4厘米 紫霞堂监制

仿清宫"梅竹"砚

当代 绿刷丝石、紫云石 长15.5厘米 宽10.5厘米 高2.6厘米 紫霞堂监制

仅使紫霞堂在本溪乃至全国众多辽砚生产作坊脱颖而出，更使人们再次看到了曾经为宫廷御制的松花砚，更为重要的是，也为松花砚的恢复、传承和发展打开了全新的局面，为松花砚和辽砚的发展带来了积极地、良好的社会影响。

在恢复生产以后，冯军的清宫御制砚主要以宫廷砚为主，在继承和传承清宫砚雕刻技艺的同时，又不断推陈出新，将天人合一、道法自然的老庄哲学和儒释道思想以及唐诗、宋词、书法、绘画、金石等思想融入创作中，创作出的作品古朴自然、意境深远，具有极高的艺术价值、审美价值和收藏价值。2012年5月，文化部、商务部等在深圳举办中国国际文化产业博览交易会，冯军带高仿的"清宫御砚100珍"去参展。展会上，中国"四大名砚"珍品荟萃，全国各地的精品砚台聚集。冯军带去的这100方珍品，夺人眼球，捧走了组委会特别设立的唯一一个"中国工艺美术文化创意奖"的"特别金奖"。出自于本溪的辽砚，在与有数千年历史荣耀的四大名砚比赛中胜出，自是出人意料。这一天也是本溪市辽砚作品在全国重大文化产业交流平台上获得最高奖项的日子。

近几年来，随着砚雕艺术创作和对中国砚文化理论研究的不断探索和深入，冯军认为，被清朝康熙以后历代皇帝视为珍宝的清宫御用松花砚的石材，有相当部分即取材于本溪平山区小黄柏峪。甚至台北"故宫博物院"藏89方松花砚里被公认最珍稀的一方石材，在本溪平山区有相当的储量。他认为，两种砚虽取砚石于同一地区，但松花砚出生于皇宫造办处，辽砚出生于本溪民间，在风格上并行不悖。

为弘扬祖国传统文化，传承砚的制作技艺，冯军多年来也培养出一批又一批设计制作技术人才，其在我国砚界享有很高的声誉，为辽砚、松花砚砚雕艺术的传承和发展做出了贡献。冯军因此成为辽砚业界的领军人物。

但遗憾的是，2015 年的 11 月，病魔带走了冯军，使我国砚界损失了一位专心研究制砚的良师益友，可谓天妒英才，令人惋惜。今借本书一角，谨表对冯军先生的怀念。

仿清宫"鲲鹏"砚

当代　砚体绿刷丝石　砚盒木纹石　长 18.5 厘米　宽 12.6 厘米　高 5.1 厘米　紫霞堂监制

"兰亭古韵"暖砚

当代　砚体绿刷丝石　砚盒木纹石　长 23 厘米　宽 18 厘米　高 9 厘米　紫霞堂监制

（二）当代辽砚雕刻艺术优秀代表

据《本溪日报》称，本溪目前辽砚产业制作和经销厂点 91 家（其中已工商注册的有 22 家），从业人员仅 700 余人，其中，省级雕

章永军先生

刻大师 7 人（其中本溪市的省级工艺美术大师有 3 人），辽砚及其相关产品年产量约 5 万件，年销售额 3000 万元，上缴税金 200 万元。

在本溪，除了"紫霞堂"冯军在恢复清宫御砚方面取得了显著成绩以外，本溪桥头制砚还有许多优秀代表。如"紫云堂""阿昌制砚""富慧康""修缘砚艺工作室""启鸿堂""聚墨堂""俊砚堂""南北砚庄""天铸石坊""乾玉都熙"等 18 家较具规模的辽砚加工企业，可谓人才济济，群星闪耀。

1. 辽砚第四代传承人———章永军

章永军，1971 年生于辽宁昌图，自幼酷爱书法及民族文化艺术，从师于民间雕砚老艺人袁斌，精于制砚，为辽砚第四代传承人。现为本溪市辽砚厂厂长，本溪市宏达雕刻艺校校长，本溪市辽砚研究所所长，本溪辽砚文化艺术有限公司董事长，本溪市文化艺术学科带头人，辽宁省工艺美术大师，辽宁省社会科学院艺术品投资研究中心特约研究员，被辽宁科技学院聘为客座教授、大学生创业导师，获辽宁省"五一劳动奖章"，入选辽宁省首批"十佳文化创意设计人才"。

章永军先生长年从事书画、雕刻及民间艺术工作，为继承和弘扬辽砚技艺，传承和发展辽砚文化，积极拓展辽砚雕刻技术，将传统的手工制作与现代的机械科技有机融

随形俏色竹简砚

当代　木纹石　长 52 厘米　宽 34 厘米　高 20 厘米　章永军制

合，使雕、镂、剔、透等制砚工艺更加精湛，石上飞刀绝技更是令人叹服。创作的作品先后获得国际、国内 30 余项大奖，被中外十几家媒体宣传报道。公司"紫云堂"的系列辽砚作品，被辽宁省、本溪市评为"十大名牌产品"之一，为传承发展辽砚做出积极贡献。

王德昌先生

2. 海派风格、青铜题材————王德昌

王德昌，又名阿昌，号耘砚斋主。1961 年生于辽宁省本溪市，辽宁省非物质文化遗产桥头石雕第四代传承人、书法家、辽宁省工艺美术大师、辽宁省玉石砚雕大师，现为"阿昌制砚"有限公司经理。

王德昌先生 1982 年参加工作，1985 年至 1990 年受单位委派向辽砚艺人袁斌先生继承性学习辽砚雕刻，1995 年开始个人砚雕创作。20 多年来，阿昌凭着深厚的书画金石功底，始终沉浸于辽砚雕刻创作之中而孜孜不倦。他独辟蹊径，摆脱本溪当地辽砚砚雕中普遍的"龙凤"造型和纹饰题材的束缚，别开生面，独具匠心地将古朴大气的青铜器作为自己砚雕作品的创作主题，洗尽铅华，终成一脉，成就了辽砚中独具特色的青铜器砚雕艺术特色。

他在 20 多年的砚雕创作中，先后雕刻出了"长宜子孙"砚、"井田"砚、"书香门第"砚、"龙纹瓿"砚、"青铜至尊"砚等一批极富青铜韵味的砚雕艺术作品，受到了砚界、文化界、工艺美术界的高度认可。我国著名藏砚家、鉴赏家阎宪先生评其砚作为"高古雅

"长宜子孙"砚

当代　青紫云石　直径 30 厘米　高 12 厘米　王德昌制

青铜纹觚砚

当代 紫云石 长25厘米 宽16厘米 高4厘米 王德昌制

仿清宫鱼藻图砚

当代 绿刷丝石、金包玉石 长17厘米 宽13.5厘米 高4.5厘米 富慧康监制

致、别具一格"，并寄语阿昌"收喧嚣盛器，静繁闹之心"。中国文房四宝协会会长郭海棠女士，赞扬其砚作"熔书画金石与雕刻为一炉，形成了自己独特的艺术风格"。独特的造型、新颖的文化主题、精湛的技艺，使"阿昌制砚"不仅赢得了海内外藏砚、赏砚、用砚者的青睐和称赞，并引发他们争相收藏，同时"阿昌制砚"也成官方和民间馈赠外宾友人的珍贵礼品。著名美籍华人陈香梅女士来本溪访问，市政府便以阿昌的"饕餮纹砚"相赠，作为答谢的礼品，深得香梅女士的喜爱。红学大家冯其庸偶得阿昌大篆书镌的一对镇尺，因刻有"世事洞明皆学问，人情练达即文章"，富含哲理，让冯老异常欣喜。在当今美术界，刘大为、冯大中、冯远等都收藏有阿昌的砚雕作品，著名评书表演艺术家田连元先生日常所用的辽砚也是出自阿昌之手。

多年来，阿昌治砚坚持纯手工雕琢，拒绝使用机械和电子设备，这是当今砚雕业内所不多见的。在创作之时，阿昌还十分重视传艺授徒，为辽砚石雕培养新生力量，其中多人被授予省、市级工艺美术大师称号。阿昌深受当地砚雕艺人的尊敬。

3. 传古承今机雕生产———富慧康

富慧康是本溪一家以传统手工与机器雕刻砚台为主的公司简称，其全名为"本溪市富慧康辽砚有限公司"，成立于 2011 年，主要从事辽砚、奇石、茶海、摆件、挂件、手把件、石板壁画、旅游纪念品、商务礼品及工艺品底座的加工与生产，辅助产品有壁画、历史人物雕刻、体育用品、旅游纪念品、商务礼品及相关工艺品等，是集设计、生产、销售服务于一体的一家民营企业。

枫叶松鼠笔舔

当代　青紫云石　长 28 厘米　宽 25 厘米　高 11 厘米　富慧康监制

在辽砚恢复生产以来，在新型科技发展迅猛的形势下，"富慧康"结合当地砚石资源和高新科技的特点，适时推出了机器雕刻生产辽砚的业务，在力求产品精益求精的同时，将投资方向定位于加工高端、精湛的手工艺品，也大批量生产中、低端价位的工艺品。在市场销售方面，"富慧康"在全国各大中城市设立销售网点，还建立企业网站 24 小时与客户洽谈，通过积极拓展销售渠道来满足广大消费者的市场需求。它是本溪辽砚生产影响较大的一家企业。

4. 辽砚雕刻新秀———顾福刚

顾福刚，1972 年生于辽宁本溪，自号修缘、山翁、耕石叟，中国砚研究会会员。

顾福刚从 1983 年开始接触辽砚，至今从事砚雕行业 17 年。在多年辽砚雕刻创作过程中，顾福刚秉承万物有灵的信念，视己为赋予砚石生命之人，潜心从事砚雕事业。受我国传统文化的

顾福刚先生

仿清宫饕餮纹砚

当代　绿刷丝石、青紫云石　砚盒长
13.8厘米　宽9.4厘米　高2.6厘米　砚长
12.9厘米　宽8.5厘米　高1.3厘米　顾福
刚制　三石草堂藏

"鱼乐"砚

当代　紫云石　长18.4厘米　宽12.5
厘米　高4.1厘米　顾福刚制

影响，他深挖优秀传统文化底蕴，坚持在学习中创作，在创作中学习，将我国传统文化中的青铜文化、玉文化元素和辽砚有机地融合为一体，创作出了许多具有典型青铜韵味的砚作，积累了丰富的雕刻经验。顾福刚砚作虽与清宫松花砚、阿昌制砚同取青铜纹饰作为砚作表现主体纹饰，但其作品精于雕刻，既严格遵循砚之实用之功，传承了砚之精髓，又赋予其欣赏与收藏并存的更多的文化理念，作品时出新意，深受越来越多的海内外藏砚家和爱好者所喜爱。

鉴于其对辽砚的深度理解和严谨的创作态度，故而三晋出版社出版的《砚鉴》一书中辽砚部分的编写由他完成，其部分作品刊录于"中国砚文化系列"丛书之《砚雕》一书。他为扩大辽砚的社会影响做出积极贡献。

二、改革开放后产销两旺

改革开放后，随着我国国民经济的好转和传统文化的恢复及普及，砚台在我国全国范围内的生产、加工和销售都出现了前所未有的好势头。在这一大的历史背景下，辽砚的生产制作经营业户如雨后春笋般迅速发展壮大起来，不仅在继承传统制砚基础上有新的发展，制作的品种和数量与过去相比也不可同日而语，总体上出现了令人欣喜的局面。2006年，以辽砚雕刻艺为代表的本溪桥头石雕入选辽宁省非物质文化遗产名录，这标志着桥头石雕（辽砚制作技艺）经过严格的申报、审查，被辽宁省正式确定为省级非物质文化遗产，确立了桥头石雕的文化价值。2007年10月15日，冯军组织的"紫霞堂制砚文化展"在本溪市图书馆举办，消失了数百年的清宫御砚在本溪重现。至此，本溪人才惊奇地发现，当年清宫陈设使用的国之重器竟然是由本溪石材制作而成！本溪桥头石居然和清代三朝皇帝有过如此深远厚的渊源！在冯军先生积极恢复宫廷御砚的制作和加工后，冯军就成为辽砚、松花砚推广宣传的一面鲜艳的旗帜。在他的影响下，辽砚的生产加工和销售也亮出了不俗的成绩单，使辽砚成为本溪的一张名片。辽砚已无可争议地成为本溪的文化"符号"。

辽砚以其自身的文化价值，担当了"文化使者""城市名片"的使命，并作为"高贵的赠品""收藏至宝"而广泛传播。而现在，随着辽砚产业的发展，生产基地、研究所、艺术馆、辽砚市场的逐步建立和完善，辽砚这个"符号"也正逐渐升华为文化品牌。

据 2010 年 8 月 13 日的《辽宁日报》显示，截至 2010 年上半年，本溪市有

仿清宫椭圆砚

当代 绿剧丝石、木纹石 长 19.4 厘米 宽 16.3 厘米 高 4.8 厘米 紫霞堂监制

"竹石图"砚

当代 紫云石 长 18.4 厘米 宽 12.5 厘米 高 4.1 厘米 紫云堂监制

制砚厂家 12 家。该市辽砚生产品种超过 100 种，全市辽砚年生产总值达 5000 多万元，年销售额 2000 多万元，利税 200 多万元，部分产品还远销东南亚地区，出现了产销两旺的大好局面。

三、本溪市政府高度重视

如何才能更好地传承、保护和开发辽砚？推进辽砚产业化进程，势在必行。为此，本溪市政府相关部门在规划当地经济发展的同时，综合当地经济发展潜力，先后推出了一系列政策和方案，积极推动辽砚的发展。如早在 2008 年，本溪市出台了《关于加快辽砚产业发展的若干意见》（简称"《意见》"），《意见》明确了辽砚产业的发展重点：发挥辽砚的品牌效应，着眼旅游市场、工艺品市场，以发展文化旅游业和民间艺术品业为重点，着力延伸辽砚文化产品产业链，引领带动发展文房四宝、国画、书法艺术等相关文化产品专业市场，形成产业集群。该《意见》为辽砚的发展指明了方向。同时，本溪市还出台了一系列扶持辽砚产业发展的政策，如辽砚基地的建设可同时享受国家（省）给予文化产业园区（基地）的相关现行税收政策；企业开发新技术、新产品、新工艺发生的研究开发费用，可以在计算应纳税所得额时加计扣除；企业纳税年度发生的亏损，准予向以后年度结转，用以后年度的所得弥补；对被评为市级辽砚优秀企业者，政府给予 10 万元的奖励；对被评为省级辽砚优秀企业者，给予 50 万元的奖励；对被评为国家级辽砚优秀企业者，给予 100 万元的奖励等。

辽砚产业规划图

图中就本溪桥头等地的产业进行分类划分和重组。2012 年 7 月，本溪市规划设计研究院设计出"本溪市思山岭新城辽砚产业园控制性详细规划图"。

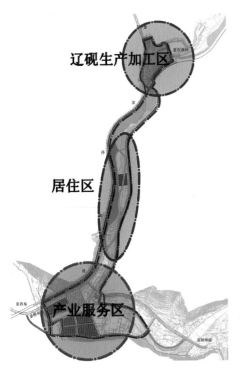

辽砚生产加工区

居住区

产业服务区